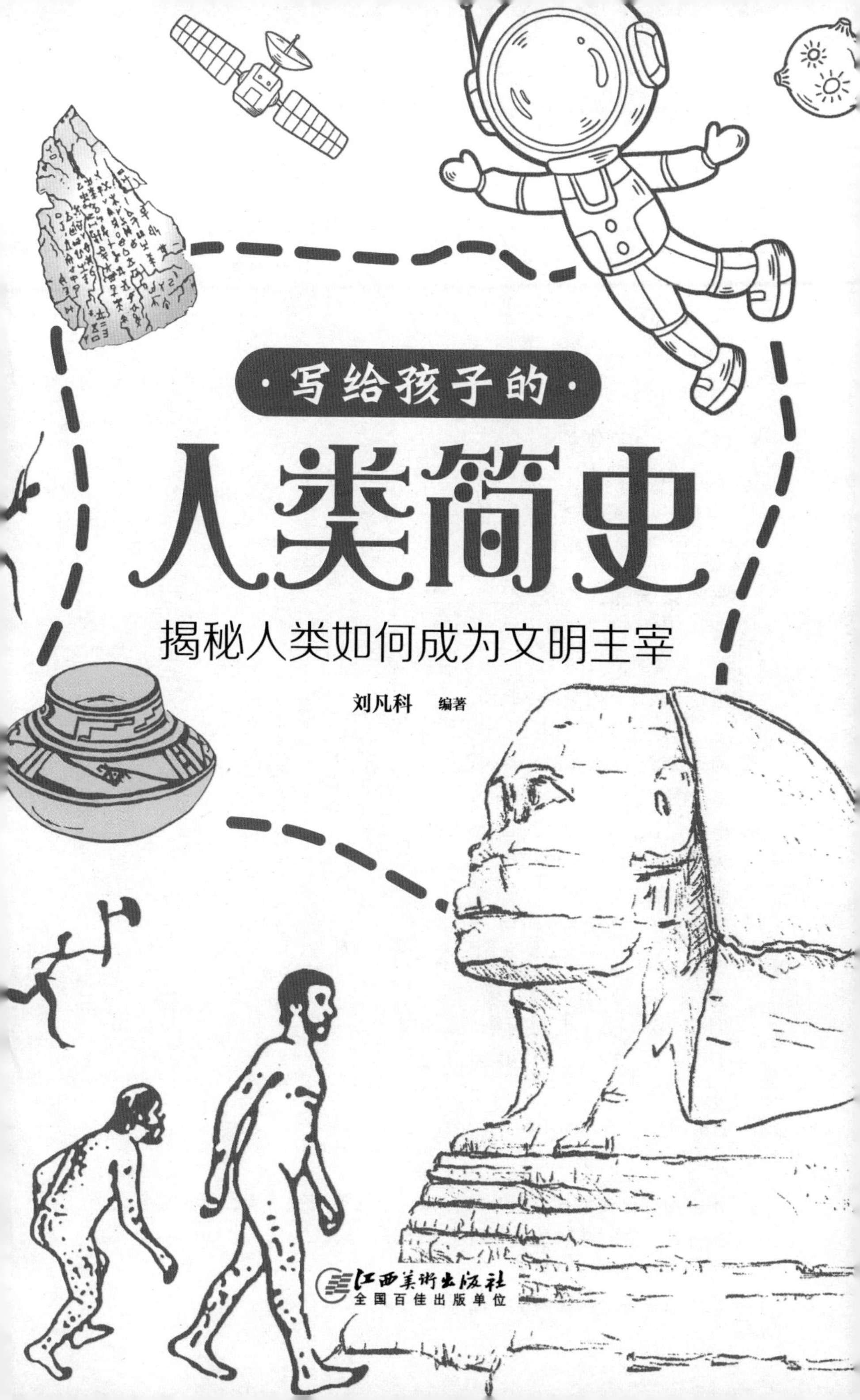

写给孩子的 人类简史

揭秘人类如何成为文明主宰

刘凡科 编著

江西美术出版社
全国百佳出版单位

图书在版编目（CIP）数据

写给孩子的人类简史 / 刘凡科编著 . -- 南昌 : 江西美术出版社，2021.12

ISBN 978-7-5480-8495-2

Ⅰ. ①写… Ⅱ. ①刘… Ⅲ. ①人类学—青少年读物 Ⅳ. ①Q98-49

中国版本图书馆 CIP 数据核字（2021）第 210061 号

出 品 人：周建森
企　　划：北京江美长风文化传播有限公司
责任编辑：楚天顺　朱鲁巍　　策划编辑：朱鲁巍
责任印制：谭　勋　　封面设计：韩　立

写给孩子的人类简史
XIEGEI HAIZI DE RENLEI JIANSHI

编　　著：刘凡科
出　　版：江西美术出版社
地　　址：江西省南昌市子安路 66 号
网　　址：www.jxfinearts.com
电子信箱：jxms163@163.com
电　　话：010-82093785　0791-86566274
发　　行：010-58815874
邮　　编：330025
经　　销：全国新华书店
印　　刷：北京市松源印刷有限公司
版　　次：2021 年 12 月第 1 版
印　　次：2021 年 12 月第 1 次印刷
开　　本：880mm × 1230mm　1/32
印　　张：4
ISBN 978-7-5480-8495-2
定　　价：29.80 元

前言 PREFACE

我们的祖先已经在地球上演化了数百万年，留下了讲不完的故事。史前时期的智人为了生存要掌握哪些日常技能？为了站起来我们的祖先经历了什么？处于河水泛滥期和干旱期的古埃及人都会做些什么？从洞穴壁上的原始人手印，到阿姆斯特朗登上月球的脚印，从认知革命、农业革命，到科学革命、生物科技革命，我们是如何登上世界舞台成为万物之灵的？

人类文明发展的历程总是闪耀着科学的光芒。科学，无时无刻不在影响并改变着我们的生活，而科学精神也成为“中国学生发展核心素养”之一。因此，在科学的世界里，满足孩子们强烈的求知欲望，引导他们的好奇心，进而培养他们的思维能力和探究意识，是十分必要的。知道遥远的过去究竟发生了什么，才会明白我们为什么是现在的样子。

孩子总是会好奇自己从哪里来，抓住了孩子的好奇心，就抓住了科普教育的最好时期。这是一本通俗易懂、引人入胜而又让人受益无穷的科普通识读物，就像大揭秘一般，将史前人类、文明的诞生、古代文明和人类的发展与发明创造，以及重要的历史事件等内容精彩呈现在小读者面前。

这里有着关于我们人类祖先的故事，翻开书，就像戴上一副 VR 眼镜，立刻穿越到远古现场，人类几百万年的旅程尽在眼前。书中使用了大量珍贵的精美图片，把科学严谨的知识学习植入一个个恰到好处的美妙场景中，能让孩子从小对人类的历史产生浓厚的兴趣，让他们从懵懂和无知逐渐走向理性和智慧，并养成探究问题的习惯，赋予他们成就未来的素质与学养。

从人类起源到飞入太空……一本孩子自己能读懂的人类历史启蒙书，让孩子带着好奇心，开始一段不可思议的探索之旅，在阅读过程中了解各个时期人们的生活和进步，增强孩子对世界的认知和理解，从过去看未来。

目录

CONTENTS

一　史前人类

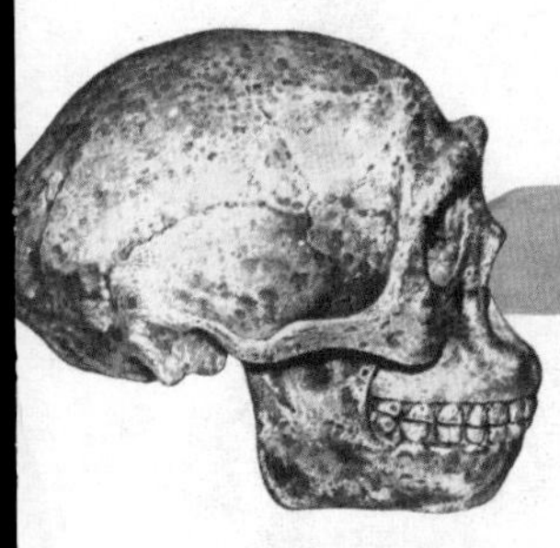

二　文明的诞生

三　古代文明

四　无止境的旅行

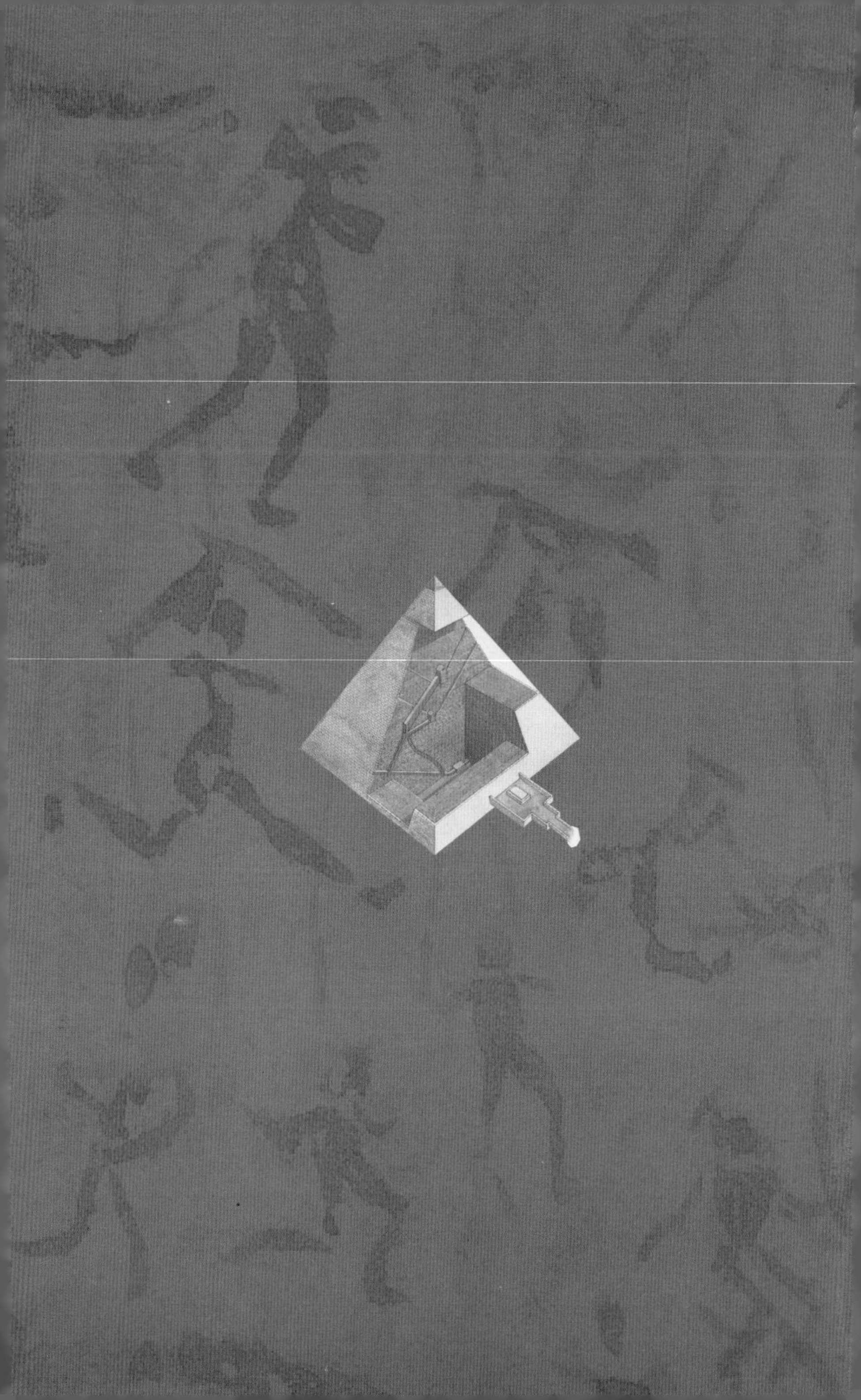

一 史前人类

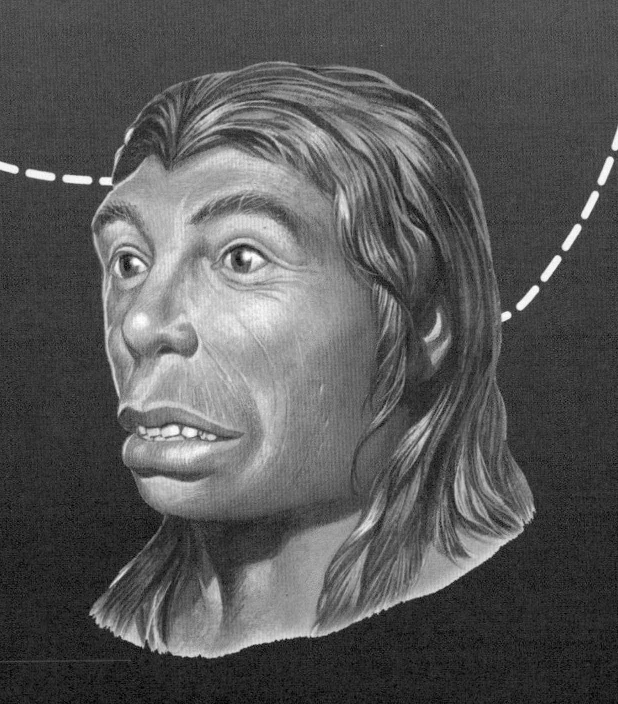

工具制造者

或许，最大的史前神话是人类是如何开始的。许多科学家认为：现代人类是几百万年前从一种更像类人猿的物种逐渐演变而来的。他们希望找到一个失去的连接点，即在现代人和我们动物祖先之间的半猿半人的这一生物。却没有人发现这一中介物种。但是古生物学家（他们研究化石，即保存下来的动物与植物的遗骸）已经发现了一群被称为早期原始人的遗骸，它们是与人类有许多相似的地方的动物。原始人看起来更像类人猿，头脑比现代人小，但是它们用两脚走路，并会使用简单的石头工具。或许我们的祖先就是它们。

没有人看见过一具完整的早期原始人的骨骼。通常，发现的是一部分骨头或者一颗牙齿。科学家努力地从这些稀有的证据中研究原始人。然而，通常他们对一个特定的发现属于哪一个特定的种类以及不同的种类相互之间的关系并没有一致的意见。

在400万年前到80万年前，生活在非洲的最早的原始人被称为南方古猿（更新纪灵长动物）。它们站立并直立行走，但比现代人矮，直立身高在1米—1.5米。它们与现代人有相似的外形，但是它们扁平鼻子的脸看起来像类人猿。它们的大脑比现代人小很多，但比今天的黑猩猩和大猩猩要大。

南方古猿可能把绝大多数时间花在地面上。像现代的大猩猩与黑猩猩一样，它们爬到树上以躲避敌人或避雨。它们牙齿的遗骸表明它们主要吃植

↑ 鹅卵石工具

早期的原始人把石头凿出缺口以制造简单的有棱角的工具。

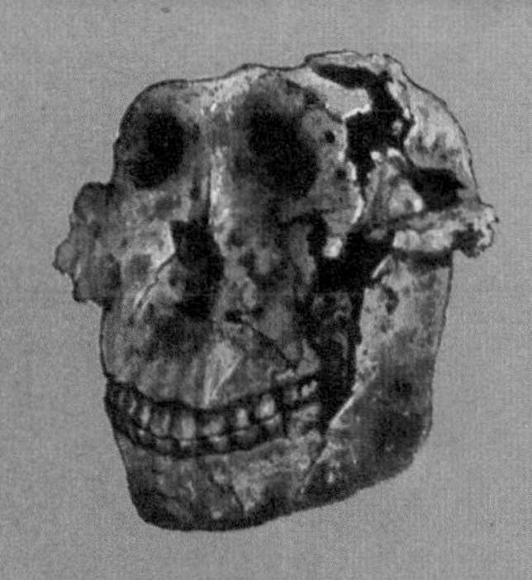

↑ 粗壮南方古猿的头颅

粗壮南方古猿有沉重的头颅，巨大的颚与强健的骨脊穿过额头。在每边都有凸缘。

←南方古猿非洲种的头颅

尽管南方古猿非洲种比粗壮南方古猿有更为健壮的头颅，但是仍有一个沉重的腭骨。现在还不知道这两个种类之间的关系。

→粗壮南方古猿

矮壮的、像猿人的粗壮南方古猿大部分时间生活在树上，但也不时到地面觅食。像现代的黑猩猩一样，它们以植物为主食。

大事记

360 万年前，南方古猿在坦桑尼亚北部的利特里出现。

300 万年前，南方古猿在埃塞俄比亚北部的哈德出现。现代考古学家最为熟知的就是“露西”，它是南方古猿非洲种的一员。

180 万年前，肯尼亚图尔卡纳湖是各种人属的家园，包括南方古猿以及拥有更大头颅的生物。

175 万年前，粗壮南方古猿生活在坦桑尼亚北部的欧杜瓦伊峡谷。

175 万年前，会制造工具的能人——我们已知最早的人种成员——生活在欧杜瓦伊峡谷。

物和少量的肉类。可能也使用简单的工具。

1964 年，古生物学家路易斯·利基宣布发现了一种未知原始人的化石。它比南方古猿的头脑大，因此利基决定把它放在人属中，是与我们一样的人种。这一化石所属时间约为 170 万年前，是人类最古老的近亲。在其遗迹的附近发现了石器，因此利基给这一化石命名为能人（敏捷的人）。

像现代人一样，能人可能吃一些肉，但没有人知道它们是为食物而打猎还是吃别的动物留下的肉。考古学家在动物骨头附近发现了石器，如由卵石做成的简单的斧子与锤。它们可能过着半游牧的生活，为了食物在一地居住一段时间后再到另一地。当它们迁徙时，就把工具留下了。

←欧杜瓦伊峡谷遗址

位于东非塞伦格迪平原的欧杜瓦伊峡谷是最重要的人类遗址之一，包括能人在内的几种人属化石就是在这儿发现的。这使得它成为寻找人类起源的一个重要的场所。欧杜瓦伊峡谷遗址包括了从10万年前到200万年前诸多化石的遗址，最古老的化石深埋于最深的岩石中。从粗糙的鹅卵石到石斧，散落的工具就在制造这些工具的生物的尸骨旁边。

←更大的头颅，更大的头脑

能人的头脑比南方古猿（更新纪灵长动物）更大。这就是为什么其发现者认为它应该像现代人一样，被放在人属中的原因之一。

↘强有力的手

能人的手能紧紧地抓住物品。这一特点再加上其大脑的大小，表明这一生物能够制造简单的工具，并有可能会利用树枝与树叶建造简单的庇护所。

火的出现

约在160万年前，一些原始人已经掌握了一门全新的技术。他们学会了如何使用火，这极大地改变了他们的生活。有了火，他们能够烹饪食物，而不是吃生肉与植物。在冬天里，他们能够使得漏风的洞穴与躲藏地变得温暖。热与光还可以被用来防御动物。火的出现意味着他们比更早的原始人过着更为安全舒适的生活。

掌握火的原始人大约1.5米高。与先前的原始人相比，他们的大脑更大，四肢更长，更像现代人类。科学家把他们称为“直立人”。直立人在其他的方面更为发达。他们制造的工具比以前的原始人更好，他们发明了手斧，这是一种有着两个锋利刃的锐利的石头工具。手斧用来砍肉，因此直立人能够更有效地宰杀动物。这使得他们有着更大的动力发展技术，例如发明诸如切刀这样更小的工具。

与更早的原始人相比，直立人有着更为发达的社会技巧。他们可能已经发展出简单的语言，这使得他们可以相互交谈与协作，意味着他们可以作为一个团体执行任务，如狩猎大型的动物。在打猎过程中，他们也使用火。一些考古学家认为：他们举着火把把大型动物驱赶到伏击地，这时候一大群人就会一起杀死动物。

火的出现也意味着他们能够在更为寒冷的气候条件下生存下来。这使得直立人比以前的人类走得更远。像能人，它们可能总是处于迁移的状态，

→东图尔卡纳

靠近肯尼亚山脉与河流的东图尔卡纳是150万年前直立人的第一个家园。

搭建暂时的宿营地作为打猎和采集的基地。一些居住地可能是季节性的，在春夏季节，当水果、叶子和坚果丰富时，它们就居住下来。但是直立人走得更远，走出了他们的出生地非洲，作为第一种人属定居在亚洲与欧洲。

↓直立人

穴居的直立人准备在他们的洞前烤肉。在烤肉之前，一人在准备石头工具以切割动物，另一个看护火，两个小孩协助一个大人肢解动物尸体。

大事记

258 万年前，更新世开始。诸如马、牛和大象等动物出现。

175 万年前，最早的直立人在肯尼亚、东图尔卡纳出现。

160 万年前，直立人在肯尼亚的切首瓦亚定居。有证据表明他们可能已经使用火了。

100 万年前，直立人生活在欧杜瓦伊。

50 万年前，直立人到达北非。在摩洛哥和阿尔及利亚发现了直立人定居的证据。

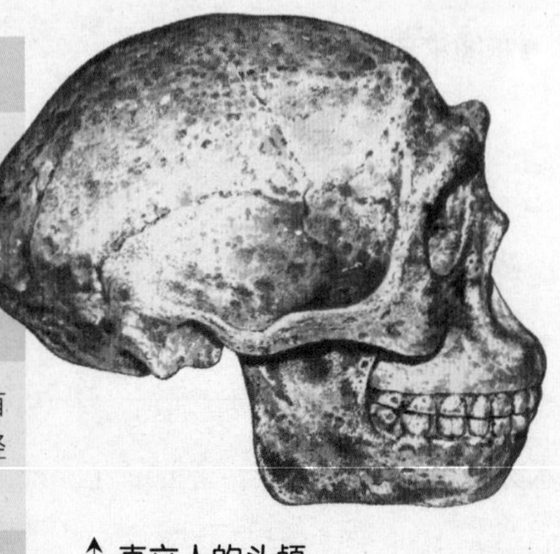

↑ 直立人的头颅

直立人的头颅比能人的要大要宽，这就使得他们的大脑更大。由于直立人的腭骨向前凸，所以这一人属比现代人类看起来更像猿。

←朴树果

采集坚果与水果，如朴树果为直立人提供了大部分的食物。他们不断地学习辨别哪些浆果可以食用，哪些浆果有害。

←长毛犀牛

直立人尝试吃猎物的肉。他们可能吃像这种长毛犀牛的大型动物，集体狩猎并分享猎物。

原始人的迁徙

约在100万年前，世界上的生物都在迁移中。许多热带动物开始向北、向南迁徙。逐渐地，它们离开了热带丛林，来到地球上更冷的地方。早期原始人寻找食物比较困难，于是直立人尾随热带动物在更为湿润的地方定居。为此，他们迁徙了很长的距离，如从现代的非洲到现在的爪哇、中国、意大利和希腊。

在欧洲和亚洲，直立人建立了许多可供以后返回的营地。在中国，周口店的洞穴是最著名的定居地之一。原始人在这里待了几十万年（从70万年前到23万年前），考古学家在这块遗址发现了超过40个直立人的遗存物。在洞穴中，考古学家发现了各种工具，包括斧头、刮刀、锥子、尖石和切削工具，绝大多数是石英材料。年代越近的工具，其制作越小越精密。在周口店遗址也发现了火的遗迹。欧洲和东南亚地区的直立人的遗址中也有相似的发现。它们揭示：存在一种人类，他们采集树叶与坚果，同时也足够聪明地猎捕大型的动物。这种人随季节迁徙，假如他们不能找到洞穴，他们就用树枝与石头建造简易的躲藏地。他们或许裹着兽皮以在冬天取暖。

有一个令人不解的地方是，许多保留下的直立人头颅的底部被移动过，一些科学家认为底部被移动才能够被取出大脑。难道这些人类是最早的吃同类的生物吗？也可能还有其他的原因，例如作为容器盛水。

另一个令人不解之处是直立人是怎样灭绝的。20万年以后就没有了直立人的遗迹了。人们不清楚他们灭绝是由于他们的食物供应不足，还是疾病或者其他的原始人杀死了他们。

→躲藏处

在法国南部的阿马塔，有证据显示原始人会用简单的遮盖物建立营地。这些小屋由树枝组成，用石头压住。

↓狩猎

一群直立人一起努力在沼泽地中捕杀大象。他们正准备靠近一头大象，用木矛和木棍攻击大象。

大事记

100 万年前，直立人发明了手斧。

90 万年前，直立人出现在爪哇中部。原始人的长距离迁徙表明他们适应了不同的环境。

70 万年前，直立人经由约旦、雅姆克河以及以色列到达吴比迪亚。

50 万年前，直立人在欧洲定居。

70 万—23 万年前，直立人生活在中国北京的周口店。

↓颜料

在欧洲波希米亚的比科福，人们发现石头上点缀了红赭色，一种自然土的颜料。这些发现所属的年代是 25 万年前，这表明当时人类或许已经在装饰他们自己的身体或他们制造的东西了。他们把赭石和脂肪混在一起作画。

↗直立人

直立人看起来更像现代人——除了他们那像猿的脸。但是他们没有现代人高。

4 尼安德特人

典型的穴居人通常被描绘为有着大骨头、眉脊发达、面部不明显的矮壮的人种。我们所知的，7 万到 3.5 万年前，生活在欧洲和中东的尼安德特人看上去更像这样。在原始人中，他们是我们最近的亲属，由于有着和我们差不多的脑容量而比较聪明。事实上，由于尼安德特人与我们现代人类非常相似，以至于一些科学家把他们归入我们的种类，属于人类的一个亚种（早期智人尼安德特人）。其他的科学家单独把他们归为一个人种（尼安德特人）。

尼安德特人用他们的智慧制造工具发展技术。尽管他们的工具仍然是石头做的，但是他们已经专门化了，如凿子、钻孔器。他们通过小心地凿石头制造工具。要制造锋利的、大小合适的薄片，尼安德特人的工具制造者们需要技巧、耐心以及丰富的实践。

尼安德特人最令人感兴趣的地方是他们的安葬地，从法国的道格纳到伊朗的扎格罗斯山脉，已经发现了好几处。这些遗址显示他们的尸体被仔细地保存在洞穴中，动物的角、骨头等被精心地放在他们的周围，可能是作为安葬仪式的一部分。这样的遗址使得现代的考古学家相信尼安德特人是第一种发展出安葬仪式的原始人。安葬地点也为科学家们提供了大量的证据，使得科学家们可以研究出这些人看起来像什么样——从他们矮壮的身躯到他们头和脑的大小。

一些骨骼显示了死者骨头

疾病的症状，如关节炎，从骨骼能看出已经得病好多年了。患有这种疾病的人是不可能出去打猎与采集的，家庭的其他成员必定得照料他们、养着他们。由于有智力，尼安德特人可能是最早的护理者，他们照顾那些不能保护自己的亲属。在3万年前，尼安德特人灭绝了，原因未知。可能由于疾病或者被生活在同时期的克罗马农人——一种早期智人——灭绝，新的证据表明尼安德特人曾与克罗马农人通婚。

大事记

公元前12万年，生活在欧洲的尼安德特人来到美索不达米亚。

前10万—前4万年，尼安德特人制造出有多种用途的石头工具。

公元前10万年，尼安德特人与早期智人都生活在以色列的盖夫泽尔。

公元前5万年，这一时期的安葬地遗迹在伊拉克北部的沙尼达尔洞穴被发现。

公元前4万年，在意大利的瑟茜岛发现的这一时期的头颅有被打碎的。

公元前3万年，尼安德特人灭绝。

↓尼安德特人的墓穴

在法国圣沙拜尔的一个墓穴中发现的骨架呈弯曲状。这意味着此人患有关节炎。

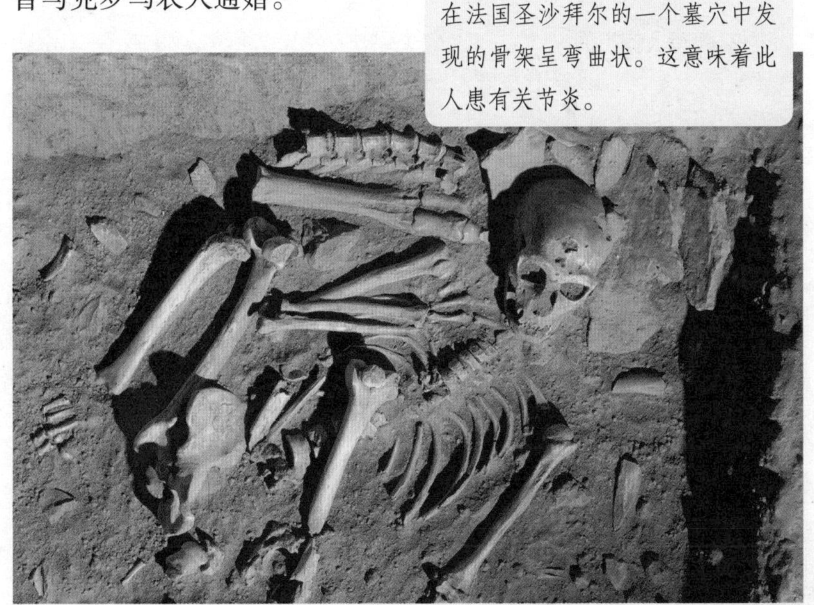

↑埋葬

一群尼安德特人安葬一个死去的同类。当哀悼者旁观时，两个尼安德特人把花粉和花仔细地撒在死者的身上和周围。同时放置动物的角，以此作为坟墓的记号。像这样的安葬是已知的最早的祭奠仪式。

砍斫器

刮削器

穿孔器

→尼安德特人的工具

尼安德特人发明了各种工具用来刮、切、剁、割。这些技巧经过了许多代的发展才完成。

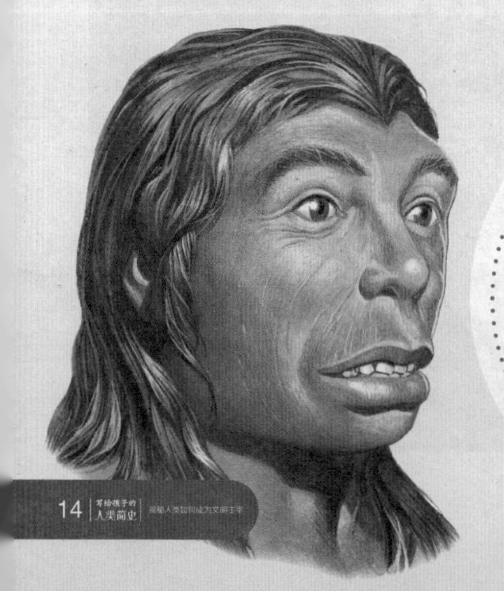

←穴居的女人

像这个妇女一样的尼安德特人可能是学会照顾病人与受伤者的第一种原始人。这就延长了那些面临众多早逝情况的个体的生命时间。

5 智 人

尼安德特人存在的时候，我们自己人种的成员——早期智人或智人也在地球上的许多地方生活着。在一些地方，尼安德特人和智人生活得很近，这也意味着尼安德特人不可能是我们的直接祖先。假如他们一起生活，我们就不可能从两个种类演变而来。

早期智人可能从直立人，或从其他我们还没有发现的原始人演变而来。在世界上所有遗迹发现的原始人骨头化石好像都具有直立人与早期智人的特征。尽管骨头大小与我们相似，但是这些原始人在眼睛上面都有眉脊以及平的头颅，而不是呈穹顶状。他们生活在 15 万—12 万年前，被考古学家归类为早期智人。

一些智人在这些“古代”智人骨头之后不久出现。一些专家认为：人类是在非洲的一个地区演变而来，然后逐渐地迁徙到世界各地，被考古学家称为“非洲起源”说。这种学说依赖于对 DNA 的研究，是对智人身体中包含的基因进行化学分析的结果。

其他的科学家相信现代人是在世界各地分散地演变而来的。例如，在东南亚的人是从爪哇的直立人演变来的。欧洲人是从中东的原始人演变来的，他们是与尼安德特人的混种。

从 10 万年前到 9 万年前，现代的人类在南部与东部非洲演变出现。从这儿，他们向北迁移，穿过撒哈拉到达中东。几千年前，撒哈拉沙漠比现在潮湿，覆盖着大片的草场，并有食草动物，原始人可以轻易地穿越撒哈拉。到7.5万年前，在东亚出现了现代人类。后来他们到达欧洲并在那里定居。

我们的祖先穿越半个地球，他们在不同的环境下定居了，从炎热的非洲草原到严寒的北欧森林。他们努力地适应新的环境，利用当地的资源来制造衣服和建造住所，发现植物、动物并学会了如何捕鱼。这些早期的人类与其他人种相比更为先进。

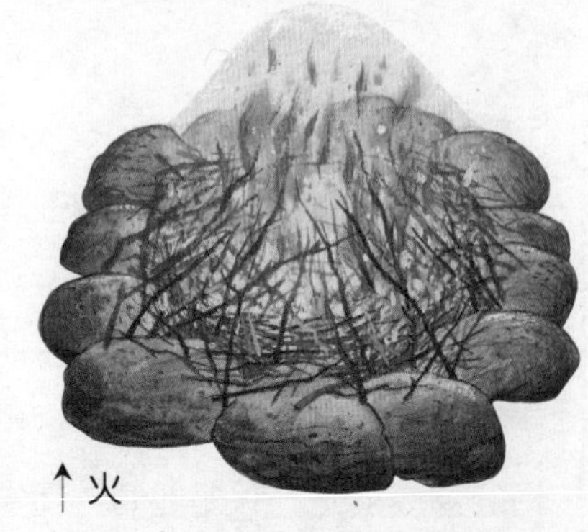

↑火

直立人发现火是早期智人巨大的技术进步。

→早期人类的头颅

早期的人有宽阔的头颅，这就可以有更大的脑容量。

→准备使用的兽皮

打猎来的动物不仅仅是肉的来源，大型动物的皮可以取下来，清理干净整理好，然后制成衣服、遮盖物，以及简单的包和袋子。

↑ 用于计算的棍

在早期智人的遗迹中，发现了一些有槽口的骨头。这些可能是计算的工具，或是早期书写的形式。它们可能是用来记录个人食物的份额。

↓ 骨雕

人类是唯一的艺术家，早期的猎人喜欢雕刻他们打猎得来的生物，而动物的骨头就是理想的材料——既可以用来雕刻，而且又有一定硬度。

大事记

前 15 万—前 12 万年，最古老的人种——古智人出现。

公元前 10 万年，现代人类在非洲开始出现。

前 10 万—前 7 万年，南部撒哈拉的非洲遗址表明有现代人类居住。直立人仍然存在，但逐渐为早期智人所取代。

前 10 万—前 4 万年，撒哈拉地区比现在冷。原始人穿越撒哈拉到达北非。

公元前 7.5 万年，北半球的冰盖开始变大。

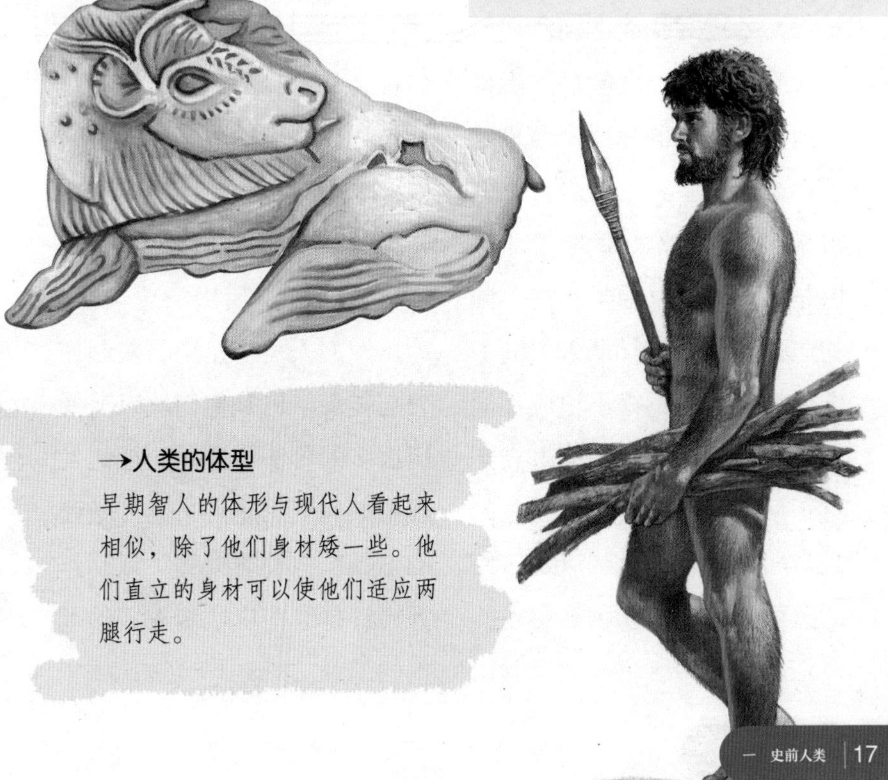

→人类的体型

早期智人的体形与现代人看起来相似，除了他们身材矮一些。他们直立的身材可以使他们适应两腿行走。

6 冰川期

地球的气候总是处于变化之中的。就最近的 200 万年而言，地球的气温变化不定，这导致了一系列温暖气候与寒冷气候的交替。最近的冰期在公元前 1.8 万年达到最顶点。这一顶点左右的时期（前 3 万—前 1.2 万年）在人类的发展史上非常重要，它通常被称为冰川期。

在最近冰川期的开始，人类已经扩张到地球的大部分。那时，冰山已从地球北部逐渐覆盖了地球的大部分地区。诸如斯堪的纳维亚、西伯利亚和英格兰北部的地区变得不适合人类生存。

这一时期，北欧的绝大多数地区是荒凉的冻原，西班牙的大部、希腊和巴尔干被森林覆盖，俄罗斯黑海的北部地区是一片大的草原。这些不同的居住环境是对早期人类的一个挑战，人类不得不适应不同环境。捕猎大型动物的人类穿过了俄罗斯平原；捕鱼为主的人类居住在冻原地区以及冰山的边缘；猎人与食物采集者们以森林为躲避所。人类发明出各种工具、打猎的技术以及社会技巧以适应这些不同的生活方式。

冰川期的人类使用的工具比以前的人类使用的要丰富。冰川期的人类仍然用石头制作刀与斧头，但是他们比以前使用更多的骨头与鹿角。他们发现了如何利用鹿角来制作坚硬的工具。他们雕刻骨头以制作针，针是缝兽皮、制衣服的基本的工具。

↑鹿

许多流传下来的工具、标枪和雕塑品都是由鹿角做成的。这表明像鹿一样的动物在冰川期是欧洲人的猎物。鹿为当时的人类提供了丰富的生活资源。

人类仍然狩猎大型的动物，如猛犸。他们也知道了如何跟踪与猎捕一群猎物，如鹿。这为他们提供了丰富的兽皮、鹿角以及肉。

由于资源稀少，冰川期的人类可能是第一批商人，他们相互交换食物与原料。例如

大事记
前3.2万—前2.8万年，西欧的奥里尼雅克期文化用燧石制造刮削器以及锋利的刀片。
前3万—前1.2万年，最近的冰川期的主要时段。
公元前2.4万年，欧洲的捕猎者已经建立了永久居住地。
公元前2万年，西欧的猎人已经制造出长矛和可投掷的标枪。波兰的猎人使用以猛犸牙制成的飞镖。
公元前1.8万年，冰川期的顶点。
前1.8万—前1.25万年，居住在以色列凯巴拉洞穴附近的人类，制造磨制石器。这表明他们采集并拥有谷物。

在食物短缺的时候，燧石和毛皮可以用来交换食物。人类行进得更远，他们可能会遇到其他的人群，由此发现食物的新来源。与其他部落进行交易帮助自己生存。当不同的人群相遇时，需要一个领导人作为代表。这时个人的装饰就变得重要了，如果有着骨头装饰物或鲜亮的身体文身，就会使领导人在人群中凸显出来。

↓猎捕猛犸

对生活在冰川期的人类来讲，体形巨大、凶残并有两个强健獠牙的猛犸是一种可怕的动物。但是由于这种危险的动物能够提供丰富的肉、皮毛、骨头和牙，以至于人类会冒着受伤甚至死亡的危险去猎捕它们。

冰川期的图画

欧洲史前洞穴壁画展示了许多的生物。它们包括成群的野马、鹿群、野牛、野生的猫科动物、鸟类和猛犸。动物被描绘成活动的样子，好像它们正被猎人们追逐一样。它们栩栩如生，却是在阴冷黑暗潮湿的洞穴环境中被创作出来的。冰川期的艺术家们也用泥土进行雕塑并制作塑像。他们在岩石墙上雕刻，也把鹿角和猛犸的牙雕刻为动物的模样。

雕塑品和画深藏于地下的岩洞中，直到20世纪初，它们中的一些才被人们发现。我们不知道为什么这些画被这样隐藏起来，事实上，没有人知道为什么当时的人类会制作这些画。绝大多数的专家赞同这些画的创作是由于一些宗教的原因，它们可能是用来帮助狩猎或提高生育能力的某种神秘的仪式。有时候同一地方有着几个不同的轮廓交错在一起。这就使得一些壁画和雕刻难以辨认。专家们已经花费了一些时间在笔记本上重新描述它们，以使得这些轮廓清晰一些。对于史前的艺术家而言，制作画的行为似乎比最终的结果更为重要，可能作画或雕刻的过程本身就是宗教仪式的一部分。

冰川期的画家利用石灰做白色的原料，炭做黑色的原料，一种泥土用作黄色，氧化铁做红色，有时候艺术家们也会制作出其他的颜色。颜料和水和在一起后，画家们用以动物毛发做成的刷子或者直接用手指作画。

作画者也会把染料从口中

↘猛犸雕塑

冰川期的艺术并不总是写实的，雕刻匠们经常制作令人惊讶的、有某种风格的东西。

喷出，或者用芦苇描绘简单的图画。艺术家们使用油灯来照亮洞穴，有时候，在工作时建造简陋的木制框架来获得额外的支撑力。利用这些简单的技术，冰川期的艺术家们创造出对这一简单的社会而言令人惊奇的画作。

↑绘画技术

当在石壁上画画时，艺术家们使用动物毛制成的刷子，有时候他们也用自己的手指作画，或用木炭画一个大致的轮廓。

←拉斯科地区的壁画

法国拉斯科的洞穴有着我们目前所知的史前绘画最辉煌的作品。壁画是在1940年被发现，内容多描绘各种动物，包括鹿和马。这些精美的、色彩明艳的画作在20世纪60年代开始受到损害，这是由于众多的访问者影响了洞穴的气温。后来这些洞穴对公众关闭了，游客们可以访问被称为“拉斯科Ⅱ”的仿制品。

↓作画

艺术家们把土和原料捣碎，发现用水或者动物的脂肪可以把两者混合在一起。他们由此制造出一种容易被涂抹的颜料。他们也用木炭和石灰直接在石头上作画。

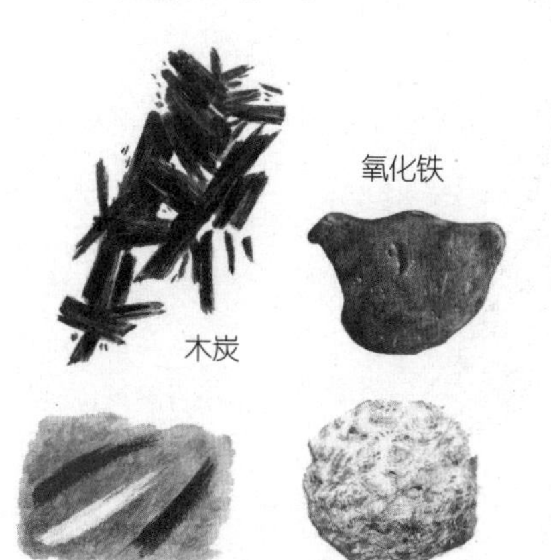

大事记

公元前3万年，最早的欧洲洞穴艺术出现。

公元前3万年，欧洲人利用动物的骨头制造出笛子。

公元前2.3万年，在法国的道格纳出现了最早的洞穴画。

公元前2.3万年，在法国和中欧地区出现了“维纳斯”的雕像。

前2万—前8000年，这是洞穴壁画的主要发展时期。代表作存在于法国的拉斯科和西班牙的阿尔塔米拉地区的洞穴中。

公元前1.6万年，用鹿角和骨头进行雕刻的艺术达到顶峰。人们生产出带雕刻装饰的掷矛器以及矛尖状器。

公元前1.1万年，洞穴壁画消失。

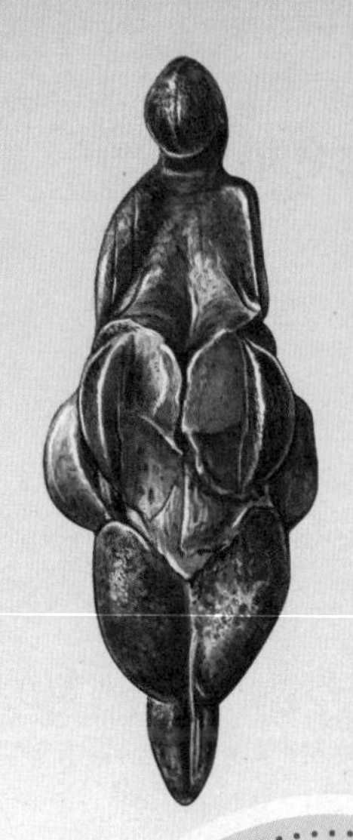

←“维纳斯”像

在冰川期遗址中经常可以发现女性的雕塑，她们的臀和腹部大些。考古学家认为她们是生育神，于是称她们为“维纳斯”像，取意于罗马的爱神。

→鹿角做成的掷矛器

掷矛器有助于猎人比单纯地用臂膀更快更远地投掷矛。这就使得捕杀灵敏的动物（如鹿）的行为变得容易。猎人们为他们的掷矛器而自豪，这些掷矛器是用鹿角做成的，这种材料可以雕刻，因此掷矛器常被装饰得很漂亮。

↓羚羊

这是法国丰德高姆洞穴中的画，显示了古代艺术家的技巧。他们描绘了动物的头和角，并聪明地制造出阴影效果，由此营造出立体的感觉。

↑灯具

许多壁画藏在地底下黑暗的洞穴中。艺术家们使用火把或像这样的石灯，动物的脂肪在这种灯中燃烧，发出光，但是气味相当难闻，光线非常微弱。考古学家已经发现了几百个冰川期的灯具。

8 解冻期开始

冰川期结束时，地球的气候发生了巨大的变化。在欧洲、亚洲和北美洲的大部分地区，冰山开始融化，水平面开始上升，海洋附近的平地发生了洪水。西伯利亚和阿拉斯加之间的大陆桥消失了，使得北美洲与亚洲分开。以前与欧洲相连的不列颠现在被北海分开了。丹麦与瑞典的海岸地区为洪水淹没。

开始的时候，这些变化是令人恐怖的。许多人顺水漂流，在新的地区定居，他们的生活方式发生了变化。同时气候的变暖也改变了大地的面貌。在许多地方，如在北欧，冰盖和冻土地带被浓密的桦树林和森林所取代，而在南欧出现了落叶林。人类不久就意识到这些变化带给了他们新的食物来源。在树林中生活着猪和鹿等动物；在海岸边，有海豹、水禽，一些地方还有贝类。由于气候变暖，食物种类变得更丰富了。

人类发明了新的打猎和捕鱼的方法。与以前相比，新的技术更为有效，于是他们不必走很远来寻找食物了。他们在某种食物特别丰富的地方，或者在他们能够开采燧石以制造工具与武器的地方，建立了特别的宿营地。

这一时期的绝大多数定居地都靠近河流或海，在这里有着丰富的食物供应。水域是石器时代的交通干线，河流使得人类可以穿过茂密的森林。人类划着独木舟，与沿途遇到的其他旅行者交换有用的东西，如皮毛或者燧石工具。

新的生活方式意味着冰川期后，欧洲人过上了比他们

大事记

公元前 1.3 万年，冰川开始融化，海平面上升，低地地区被洪水淹没。

公元前 1.1 万年，在中东地区，狗开始家养。

公元前 8000 年，气温与欧洲现在的气温相当。

公元前 8000 年，中石器时代在欧洲开始。

公元前 7500 年，在英格兰约克郡的斯塔卡地区捕杀红鹿的猎人过着定居生活。

公元前 6500 年，不列颠与欧洲大陆分离。

公元前 5500 年，丹麦与斯堪的纳维亚分开。

公元前 5000 年，落叶林覆盖了欧洲的大部分地区。

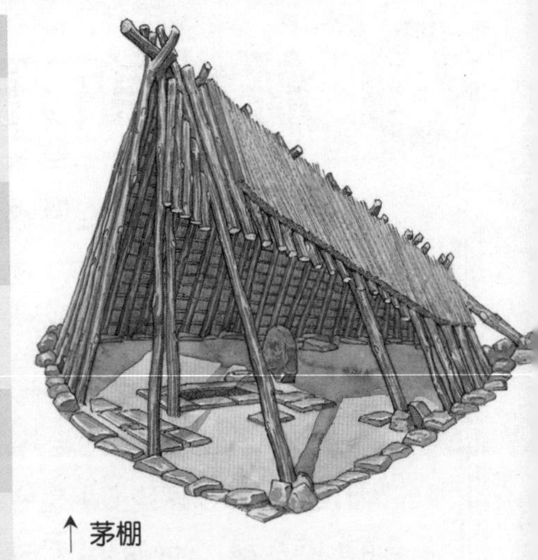

↑ **茅棚**

勒盆斯基地区的中石器时期的定居地，它可以容纳约 100 名打猎与捕鱼的人居住。这所房子上面覆盖着茅草，用木柱支撑。

↓ **野猪**

冰川开始融化时，在欧洲森林中生活着许多的动物，成为欧洲猎人很好的捕猎对象。

祖先更舒适、食物更丰富的生活。他们有时间发展更加先进的工具制造技术，这使得他们更成功地安居。结果，他们的孩子更多地生存下来，长大成人。人口的总数开始上升，人们开始扩张，去发现有更多食物来源、更好的定居地。

↓ 树林中的水果

森林中的树与灌木丛为欧洲人提供了诸如黑莓这样的水果。

↓ 用木头支撑的圆顶帐篷

更多的食物

在冰川期的末期，北美的许多事情都发生了变化。似乎突然之间，人们可以更自由地到达他们想要去的地方，以寻找食物和原材料。他们发现从青草茂盛的大平原地区到西南干旱的地区，这些不同的区域都可以定居。起初，他们沿着哺乳动物的足迹向南迁移，用矛猎杀它们。他们也横穿大陆向东西方向扩展，发现了用来制造工具和武器的更多更好的燧石来源。考古学家已经发现了最早生产这些石头工具的地方。这些石器被携带了几百甚至上千千米，表明了猎人们征途的遥远。

经历了几千年的时间，气候与植被固定成我们现在的模式。随着这些的发生，诸如猛犸这样的物种灭绝了。人类转而捕猎小的动物，猎人们制造出更轻、更锋利的矛，这意味着他们不需要先埋伏，而直接可以杀死猎物了。在草原，还存在着大型的生物，如北美野牛。它们为猎人们提供了不同的产品，肉可以吃，皮毛用来做衣服，骨头用来制造工具。约从公元前9000年起，平原地区的人们，如生活在北美洲其他地区的人，开始进化形成好几千年来一直延续的生活方式。

亚洲人像欧洲人一样，食物的供应更好更稳定了。他们更加健康，人口也开始增长。然而，他们仍然依赖许多古老的技术生存和居住。在一些地区，人类开始定居，建立永久的房子。在其他地方，猎人们仍然用树枝、猛犸的骨头与皮，建立临时的躲避所。

随着非洲和中东地区冰盖

的融化，以前是沙漠的许多地区也被植物所覆盖。在尼尔峡谷和东地中海，植物开始生长。这是一块野草地，人类开始收集种子，把它们磨成面粉，制成面包吃。纳图夫人就是这样的一群人，他们生活在现在属于以色列的旺荻·恩·纳图夫地区。

这些谷物采集者正逐渐地知晓各种谷物的重要信息。例如，什么可以提供最味美的谷物，什么时候最适宜收获，使用什么工具劳作最有效。后来，他们应用这些知识，改变了生活定居的方式，成为世界上最早的农耕者。

↑ **鹤嘴锄的顶部**

鹿角是制造如鹤嘴锄这种重型工具的好材料。采集者利用它松土、砍植物的根部。

↓ **用动物皮与骨头做成的房子**

西伯利亚的猎人用大型动物的骨头和牙建造房子，上面覆盖兽皮，假如有木料就用木料加固，下面用石头压着毛皮。在他们继续向东迁移前，在乌克兰地区，人们已经知道如何建造这种小屋了。

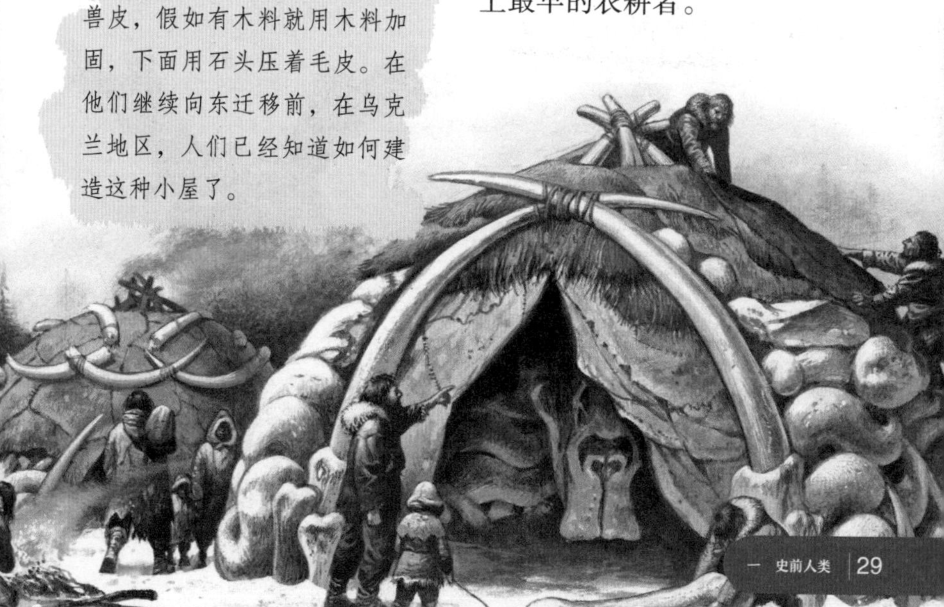

↖修理矛

北美科罗维斯尖状器的石矛头是耐用的，但是木柄容易破裂，猎人们得经常换柄。他们通常劈开柄，塞进矛头，再用筋绑好结合处。

大事记

公元前 1 万年，纳图夫文明在西亚发展起来。人们建造圆顶的石屋，捕猎山羊并采集野生的小麦。

公元前 9000 年，亚洲人口开始增多，人类开始从事新的生活方式，如放牧。

公元前 9000 年，美洲的人类开始捕猎各种小型动物。同时逐渐演变形成一种更加适宜定居的生活方式。

公元前 5000 年，美洲的工具更加专业化，发明了磨石用来加工植物食品。

公元前 3500 年，北美的人类开始在永久性的村子里生活。

↑ 鹿角头饰

在英国约克郡的斯塔卡地区不列颠石器时代遗址中，考古学家发现了这一不同寻常的鹿角做成的头饰。它可能是在宗教仪式中使用的，或者是在捕鹿时作为一个伪装物。

二

文明的诞生

最早的农耕者

猎人与采集者在寻找食物方面都有熟练的技巧。然而，他们的成功依赖于天气、当地的环境和运气。假如气候变得糟糕，或者食物短缺，人们就得忍饥挨饿。约在1.1万年前，生活在中东地区的人们改变了这种情况，他们通过耕作生产自己需要的食物。这是人类发展史上最重要的进步之一。

耕作使得人类可以控制他们的食物供给。他们不需要再在田野中四处寻找食物了。他们能够在一处定居，使得他们建的房子比以前更坚固更舒适。耕作也使得食物供应更加可靠，尽管在荒年，人们仍然不得不再进行一段时间的采集活动。

第一批农耕者生活在地中海的东端（现在的以色列、巴勒斯坦和叙利亚地区），以及底格里斯河北部的高地地区——现在是伊朗和伊拉克的一部分。这一地区比小麦和大麦自然生长的环形平原和草原有着更为充沛的雨水。由于其气候以及在地图上的形状，这一地区通常被称为“新月沃土”。

新月沃土地区的人们采集小麦种子已经有上千年了。他们知道哪种类型的植物长势最健壮并出产最好的谷物。到约公元前9000年，他们意识到可以种植这些植物并进行收获。在同时期，他们开始放牧野生的绵羊和山羊。这些动物为人们提供肉的同时也提供了奶与羊毛。在接下来的3000年中，人类也开始饲养家禽，如猪与牛。

在好年景，农耕为新月沃土地区的人们提供了比他们需

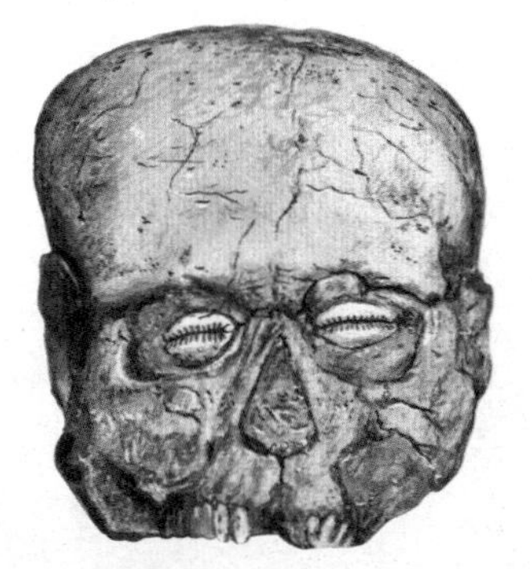

↑ 用灰泥雕刻的头颅

约在公元前6000年，杰里科的宗教仪式中使用了人的头颅头像。头颅用灰泥覆盖，用来复制人的眼睛、鼻子、嘴和其他面部特征。玛瑙贝被放在眼窝位置，并添加了牙。

要的更多的食物。他们把这些剩余的食物储存起来，并进行贸易，换取制造工具的原材料，或者诸如家具、罐之类的产品。

逐渐地，农耕者与手工艺者变得富有了。他们建造了更多更宽敞并聚集在一起的房子，逐渐地发展成为小的城镇。这些房子是由泥砖建成的，待在里面冬暖夏凉。最早的一个城镇是杰里科，它建在死海北部的一个温泉旁边。城镇周围的地区既适合种庄稼也适合放牧，于是不久以后，杰里科就变得富有了，在这一地区也陆续建立了其他城镇。

随着农耕的扩展，其他地区不久也开始用相同的方法生产食物，从此人类的生活方式发生了变化。

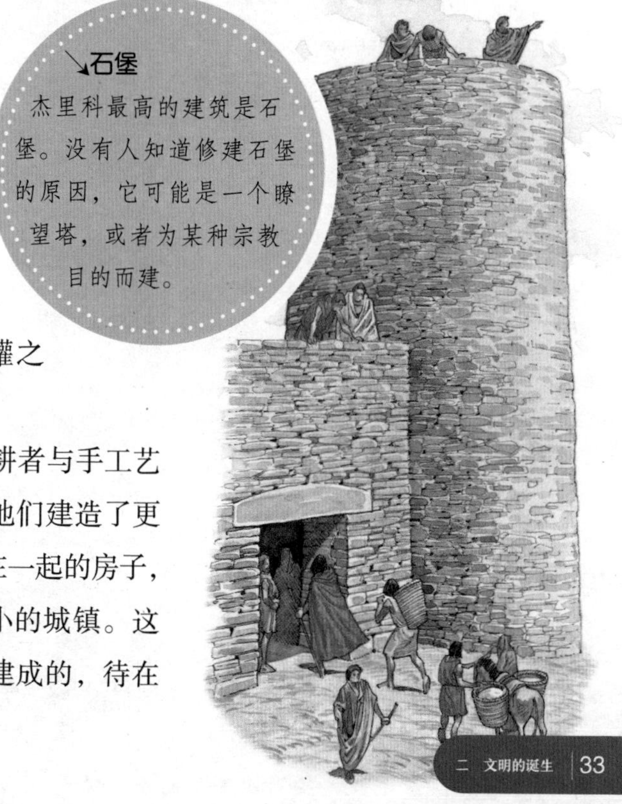

↘石堡

杰里科最高的建筑是石堡。没有人知道修建石堡的原因，它可能是一个瞭望塔，或者为某种宗教目的而建。

大事记

公元前 1 万年，巴勒斯坦地区开始了谷物的采集。

公元前 9000 年，“新月沃土”地区开始了农耕。

公元前 9000 年，叙利亚及附近地区的人们开始种植小麦。

公元前 9000 年，在杰里科地区一个温泉附近发展出一小片的定居地。

公元前 8000 年，在扎格罗斯山脉，人们掌握了放牧技术。

公元前 7000 年，谷物种植遍及从土耳其到“新月沃土”地区、扎格罗斯山脉以及巴勒斯坦的部分地区，并开始广泛地传播。

↑ 早期的农耕者

开始时，农耕是困难的，甚至比打猎和采集更为艰辛。耕种土地只有石头和木头工具可用。种子得用手撒，收获时得在烈日下用石镰收割。

↓ 带嘴的碗

在塞浦路斯的基罗基蒂亚早期农耕遗迹中，发现了这种带装饰的陶碗。它被埋在一个 8 岁小孩的墓中，显然这是墓主特别喜欢的物品，因为在埋葬前，它被修过。

贸易的出现

耕种使得一些人生活富裕、成功。他们可以用剩余的食物交换别人的奢侈品。不久，这就成为一些农耕者的生活方式，在“新月沃土”地区和安纳托利亚（土耳其的亚细亚部分），开始出现贸易城镇。绝大多数早期城镇很久以前就消失了。当泥砖建筑变得破旧不堪时，它们就被推倒。在原来的基础上，人们再建房子。几百年来，这种情况发生多次，于是随着以前房子被取代，城镇的地基水平逐渐地上升。当一座城镇被最终废弃时，废墟与地基的建筑以土墩的形式留了下来。在叙利亚和巴勒斯坦，这种古代的土墩被称为提尔（tell），在土耳其被称为于育克。

早期城镇土墩中，最为著名的一个就是土耳其中部的卡塔·于育克。当考古学家挖掘土墩时，他们发现它隐藏着一个古代城镇，居住着生活在公元前 7000 年到公元前 6000 年的商业居民。城镇的周围是富饶的农耕土地。城镇烧焦的遗迹显示人们种植小麦、大麦、小扁豆和其他作物，同时食用苹果之类的水果，以及杏仁之类的野生坚果。

卡塔·于育克的人们用食物和原材料与别人交换工具。其中深受欢迎的原料是黑曜石，这是一种火山自然形成的黑色矿石。在这处遗迹中，考古学家发现了一系列用燧石和黑曜石制成的不同的工具与武器。

卡塔·于育克城的房屋是用泥砖建造的。它们呈正方形或矩形，房屋紧挨着。城镇一个令人惊奇的特点是它没有街道。人们从屋顶平台沿着木梯下来，进入屋子。这种建筑方式可能是出于防卫的需要。

许多房子中，至少有一个房间是用来举行宗教仪式的。这些房间或者说神龛，用以石膏做成的公牛头装饰，或装饰真正的牛角。它们也有动物与人体的墙壁画，许多形体是女

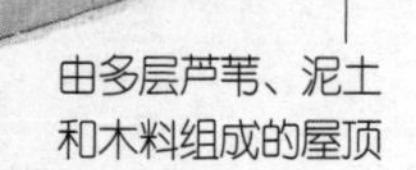

↗建房

泥土可能是中东地区早期商业城镇建房时主要的原料。它能被塑模成砖状，并在太阳下晒干，外面涂上石膏防水。

↑匕首

这把匕首有着长刀刃和蛇形的柄，它可能主要起装饰的作用，而不是实战的武器。

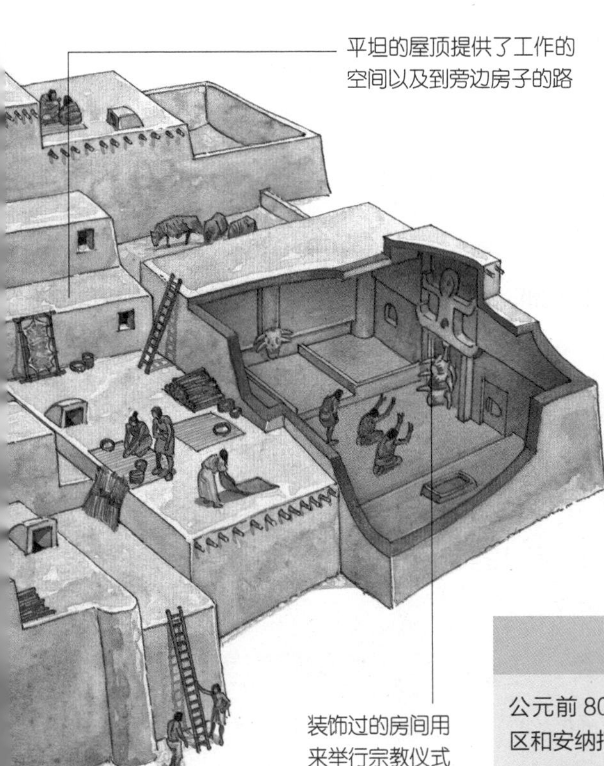

←城镇的房子

卡塔·于育克城的房屋主要是用泥砖建造的。这种材料甚至被用来做家具，如椅子与炉膛。在房子之间少有庭院，房子建得很紧密。这就使得城市显得紧凑，易于防守，不给敌人或动物留下可潜伏的角落。

性的，考古学家还发现超过50个怀孕妇女的小雕像，这表明人们崇拜女性神。

神龛还包括一个土台，可能在某些宗教仪式中被用为祭坛。当卡塔·于育克的居民死去后，他们的尸体露天放置，其肉为秃鹰所食。然后亲属把他们的尸骨取回，葬在这些祭坛下。

大事记

公元前8000年，在“新月沃土”地区和安纳托利亚，贸易开始发展起来。

公元前7000年，卡塔·于育克作为贸易与城市中心兴盛起来。

公元前7000年，杰里科城市规模扩大；宗教仪式中使用石膏和贝壳装饰的头颅。

公元前6800年，在地中海东部已广泛地使用陶器。

公元前6500年，在诸如杰里科、卡塔·于育克等居住地出现了更为精致的墓地，这表明有一些人已经比其他人更为重要了。

公元前5000年，土耳其和地中海东部之间的贸易纽带已经建立。

陶器与制陶工人

在陶器发明之前，我们最早的祖先使用凿空的石头容器以及编的篮子。最早的陶器可能制作于公元前 10500 年。由于制作陶器的泥土取之于大地，因此制作十分便捷。它们可以被制成各种形状与大小，装液体和干的食物。一旦人们知道如何制作陶器，他们就没有停止对它新用途的研究。

陶器的发明可能是偶然的。早期的人们在用泥土做成的灶中烘烤面包与其他食物。他们堆砌土墩，把中间掏空，在其中点火。最后有人注意到土灶内部由于加热而变得坚硬，这样，最初的陶器就产生了。

过了一段时间，有人产生了用变硬的土制作容器的想法。现在发现的最早的陶器来自中国和日本。在亚洲的其他地区，以及欧洲和非洲，陶器的出现更晚。如同美洲的情况一样，这些地区的陶器制作技术是独立发展的。

最早的陶罐是采用螺旋过程制造的。制罐人制成一个长的、细的泥条，盘成圈，螺旋地向上来制造罐壁。另一种古代的技术是用石模来制造罐，当罐成型时，取走石模。许多年后，约在公元前 3000 年，制陶工人发明了转轮，这种工具现在仍在世界各地为制陶人所采用。做完的陶器在灶窑中用火烤，会变得坚硬。

陶器的一个优点就是耐用，保存下来的陶器为考古学家提供了证据。每个地区以及不同的时期都有自己风格的陶器。土的颜色、罐的厚度以及装饰的风格，各地、各个时期都不一样。考古学家从陶器的一部分可以知道它是何时何地生产的，因此他们可以对发现陶器的遗址确定日期。有着外国样式的罐也为人们研究不同国家之间的联系和贸易提供了线索。

→陶制人体雕塑

陶器可以被铸造成各种形状，而不仅仅是容器。人们发现可以用它来制造小的人体雕塑。在早期的农耕社会中，这很常见，考古学家挖掘神龛时发现了大量的人体雕塑。

↑圆底的陶器

这是考古学家发现的最早的陶器之一。它来自日本，年代是公元前 10500 年左右。陶器的周围有一圈珠状的图案。

↓绘着图案的陶器

最早的陶器是无花纹的，但是制陶工人很快就学会了如何在陶器上绘画，使得它们更吸引人。这个罐来自欧洲早期的一个农耕社会。

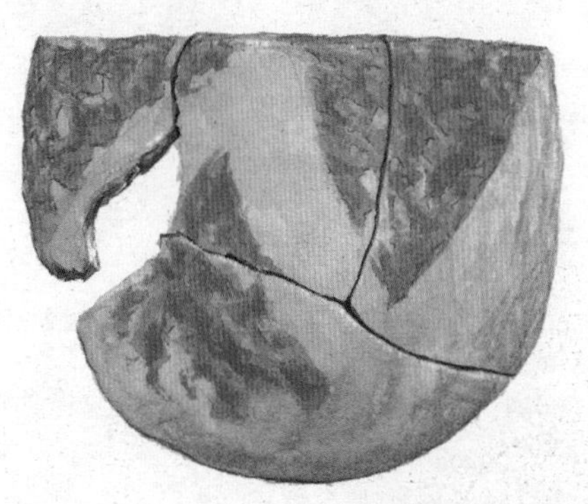

←没有上釉的罐

在当今世界的一些地区，简单的不上釉的坛子仍然被制造和使用。这些坛子外形精美，工人们还用手指画出装饰的图案。它们是来自加纳的陶罐。

↓制作陶器

在最显著位置的制陶者正在旋转泥条来制造罐。她准备了细长的泥条，绕转着制造器皿的形状。当她对做好的形状满意时，她会沾湿手指，擦抹罐的表面，使得它光滑。她可能还会制作柄，并粘在罐的侧面。

大事记

公元前 10500 年，出现了最早的日本陶器。

公元前 7000 年，非烘烤的、日晒的泥器皿在叙利亚和土耳其被制作。

公元前 7000 年，撒哈拉南部的打猎与捕鱼者是非洲最早的制陶者。

公元前 6500 年，出现了欧洲最早的陶器。

公元前 6000 年，中国南部的捕鱼社会制造出了陶器。

公元前 3500 年，一种用来制作罐的工具托恩特在美索不达米亚和埃及出现。

公元前 3000 年，制陶人使用的转轮在中东被发明。

公元前 1500 年，防水的上釉陶器在中国制造出来。

→日本陶器

这种绳纹文化时期的陶器生产于公元前 1 万年的日本。旋转泥土制成这种形状，此器有尖状的底。这个盛物的坛子约有 23 厘米高。

欧洲人的定居地

约在公元前7000年，农耕文明扩展到欧洲。它从土耳其到达欧洲，然后向西扩展到大西洋海岸。

欧洲大陆的气候和地貌区别很大。在巴尔干，开始了欧洲的畜牧业，那里气候干燥，土地适合绵羊和山羊生存，以及谷物的生长。在北欧，早期的农民过着一种不同的生活。北欧气候寒冷，土层很厚，许多地方为森林所覆盖。这些地方不适宜放养绵羊和山羊，于是养猪和牧牛就很普遍。人们种植谷物庄稼，但是由于土层厚，与南欧地区相比，不易开垦。逐渐地，几百年后，北欧人发展出适宜厚土层生长的谷物种类。

北欧的森林有许多用途。它们为猪提供了好饲料，也为人们提供了各种食物。同时也是鹿和野猪的栖息地，人们打猎可以获得食物和皮毛。北欧人不断地打猎采集，来补充他们田地里生产的食物的不足。

丰富的木材也为人们建房提供了材料。中欧以及北欧的农民砍伐树木，制造结实的房子屋顶和墙结构。他们利用劈开的木材建墙，用粗灰泥——泥土和麦秸的混合物——涂抹，以填充缝隙，这有助于抵御风。有倾斜度的屋顶可以泄掉雨雪，而屋顶是由草做成的。这样的房子超过45米长，被称为长屋。它们是欧洲人最早的大型永久性居住地。除了有用于家庭生活的大房子外，通常他们还有一间储藏室，用来存放粮食和养家畜。有时候，人类和动物一起生活。这显得空间狭小而且有味道，但是这样人们可以确保家畜的安全。

在许多河谷出现了农耕的村庄。人们利用河流与邻近的村庄进行贸易。当他们行走时，他们交换着新的发现和发明。结果，陶器技术和样式提高了，传播开了，有关谷物种植和动物饲养的新想法也被大家分享了。欧洲的人们发展起此后使用了上千年的技术。

←带装饰的陶器

制陶工人通过在湿泥土上画图案或者简单的面像来装饰陶器。另一种方法是画线条或点缀斑点，如众所周知的德国邦提克拉米克陶器，意指“有条纹的陶器”。

↓欧洲的农户

在德国的朗格维勒，农户们建造长屋用于生活和养动物。他们已经建了墙，正在用草盖屋顶。他们从附近的河流收集芦苇。芦苇做成的屋顶比用草和麦秸做成的屋顶使用时间长。

匈牙利画着面像的陶器

德国邦提克拉米克陶器

↑ **希腊的房子**

早期希腊农民修建的一间房子，用茅草做成的屋顶呈倾斜形状。室内经常包括一个用泥土做成的容器，用来储藏谷物。这是希腊新耐科米底亚村庄的一间房子。

↓ **农耕的定居地**

不列颠西部一个小的农耕村庄，它由聚在一起的一些草屋顶圆形房子组成。靠近房子的是田地，用来放牧家畜，种植谷物。

大事记

公元前 7000 年，农耕可能从土耳其传到东欧。

公元前 6200 年，在西西里和南意大利出现农耕。

公元前 5400 年，农耕扩展到北欧，从匈牙利经过德国到达荷兰。

公元前 5000 年，农耕扩展到了南欧，到达法国南部。

公元前 4000 年，农耕文明在欧洲的绝大多数地区建立起来了。

5 亚洲的社会

肥沃的土壤以及有用的本地庄稼使得亚洲人开始耕作。这是农业如何在东亚——像印度中部与西北部的高地以及中国黄河流域两岸的地区——开始的原因。这两个地区拥有良好的自然资源和适合农耕的气候。考古学家在这两个地区发现了几处早期农业村庄的遗迹。

印度中部有适合放牧的草木茂盛的丘陵以及适宜种植庄稼的肥沃河床。约在公元前7000年，这儿就开始农耕了。大麦是常见的一种作物，同时农民在山上放牧牛、山羊和绵羊。在一些地方，人们聚居生活，建立了村庄。美尔冈是最早的村庄之一，它在印度西北的波伦河附近，由一些房屋组合而成。房子是正方形或矩形的，用泥砖涂上灰建成。平的屋顶是用芦苇草修成的，再用木杆支撑。在内部有几个房间。厚的墙与小的窗户使得房间冬暖夏凉。这种样式的房屋在接下来的1000年里一直保持着。

像美尔冈这样的社会继续发展。人们修建储藏室来保存粮食，以备荒年。社会里有一些人可能通过贸易变得富有。他们的坟墓里埋藏着许多珍贵的财产，如珍珠与石灰石。

同时在中国，农业也正在进步。在这里，粟是人们喜爱的庄稼，猪也成为第一种被家养的动物。农民们还种蔬菜，如圆白菜，并收获如李子之类的水果。后来，人们开始种植水稻，这成为东亚地区的主食。水稻在中国南部种植特别成功，因为在那儿雨水更多。

大事记

公元前 7000 年，印度开始种植大麦。

公元前 6000 年，印度的农民开始建造储藏室用来贮藏剩余的粮食。

公元前 6000 年，在中国北部地区，粟是农民的主食。

公元前 5500 年，在美索不达米亚，开始种植海枣。

公元前 5500 年，印度的农民种植出自己的小麦品种。

公元前 5000 年，中国长江三角洲的农民种植水稻。

公元前 3500 年，贸易网开始连接中国各地区。

公元前 3000 年，韩国开始种植粟。

中国的农民很快知道了土地在耕种一季后需要休耕。他们轮换耕种土地，这就使得土地有了休耕的时间。他们发现经过休耕，土地的肥力得以恢复。约在公元前 1100 年，他们开始轮流种植粟与大豆。豆类作物给土壤带回了养分，这就意味着休耕不再重要了。

农耕技术在中国逐渐地传播开来。种植水稻需要的农耕技术从南传到北，在北方发展起更成功的水稻品种。中国也与韩国和日本交流，这两个地区是狩猎与捕鱼社会，农业一直到很久以后才在那儿建立起来。

↓ 中国鱼叉的前端

这些是在中国半坡遗址发现的用骨头做成的鱼叉尖头，表明打猎与在河里捕鱼仍然是人们食物的主要来源。

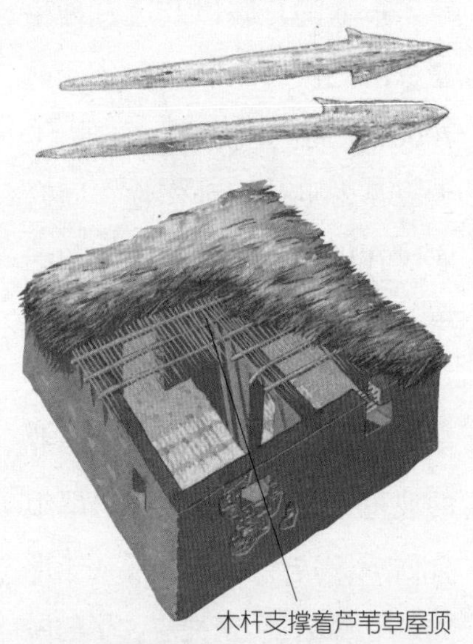

↑ 泥砖房子

印度最古老的农耕村庄之一是美尔冈，它在印度西北的波伦河附近。这些房子绝大多数是正方形的，有几个由泥砖建成的房间。

→陶器的盖子

这个装饰的盖子，有一个人脸形状的钮，是在中国西北部的一个农耕村庄——甘肃半山——发现的。它约20厘米宽，为富有的或者社会地位高的人所拥有。

↓半坡遗址的农民的棚子

中国的考古学家发现：在中国北部的早期半坡农业社会遗址中，保存着一些房子的遗迹，时间处于约公元前6000年。建筑是椭圆的或者圆形的。在坚固的木头框架上盖上细的树枝条，然后再抹上灰泥，建成光滑的、防水的墙。屋顶上覆盖芦苇，留有一个中央的气孔，以便排出地面生活产生的烟。

6 美洲人

无论是在北部地区捕鱼和海豹，在大平原地区捕猎野牛，还是在南部采集食物，美洲的人们一直遵循这样的食物供应。虽然在不是极端寒冷的环境中庄稼也能生长，但是他们还是随季节迁移，他们习惯了这样奔波的生活。

在美洲中部，气候变化快得令人难以捉摸，烈日后常是暴雨倾盆。这里的人们希望能更自主地控制食物供应，于是比其他美洲地区更早地转向了农耕。然而，他们需要好的气候种植庄稼，这可能也是他们崇拜雨神和太阳神的原因。农民们希望雨神和太阳神可以在耕年给他们带来好的气候。

在中美洲，最早种植的庄稼之一是玉米，这是一种自此以后就在美洲的农耕活动中占据重要地位的作物。现代玉米就是由墨西哥类蜀黍进化而来的。

再往北，就是现在的美国西南部，最早的农民试验各种葫芦以及向日葵之类的作物。随着中美洲农民开始更广泛地贸易，他们用自己培育的玉米、大豆和南瓜与北方人交换，这些与当地的作物一起成为北部人们的主要作物，对许多人来说，这些是他们食物的一个很好的补充。

在南美，人们尝试着种植各种庄稼，包括葫芦、南瓜、树薯、马铃薯以及各种豆。在每一个地区，他们选取最好的适宜当地环境的作物，并几千年来一直试验、总结着种植的最好方法。农耕发展最快的地区是秘鲁。在安第斯山脉，猎人与采集者开始种植诸如葫芦、大豆之类的庄稼，用来补充他们的食物。他们几千年来一直食用这种混合食物。

在沿海地区，当河流沿着山谷流向大海时，产生了峡谷。在这些峡谷中肥沃的土地上，人们开始种植葫芦与胡椒，后来又种植了玉米。他们还发展起灌溉的技术，把水从河里抽到田里。

与地球上其他地区相比，美洲的动物养殖开始时不普遍，很少有本地的品种容易家养。但是在安第斯山脉，有一个品种——骆驼——是有价值的，它为人们提供毛与奶，还可以当负重的工具。

一些美洲人发展出各种作物以及农耕技术，但是在许多地区，人们仍然广泛地食用野生食物，许多人一直过着打猎和采集的生活方式。

↙小屋和猎人

在北美东部，猎人们经常修建短期使用的躲避所，如这种小屋。他们用木头柱子搭成框架，再加上顶。房子用草覆盖。像这样的小屋易着火，因此灶设在外面。

↑ **河流交通**

在北美河流中，交通工具是简单的木舟。人们会掏空树木来建造一只独木舟。

→**棉花**

这种有用的作物先是在两个分隔的地区种植，南美的秘鲁与厄瓜多尔以及中美洲的墨西哥。从墨西哥，商人把它带到北美的西南部，不久，那儿的农民也开始种植棉花。

大事记

公元前 8500 年，在秘鲁，农业开始出现。种植的作物包括南瓜、大豆以及大麻。

公元前 7000 年，在中美洲，人们采集鳄梨、红辣椒、南瓜以及大豆。这些作物是农民们在接下来的 2000 年里陆续种植的。

公元前 6300 年，在秘鲁，农民种植各种根系作物，如酢浆草和块茎藜。

公元前 5400 年，在安第斯山脉，人们利用骆驼获取毛和奶，并且将其用于运输。

公元前 5000 年，墨西哥的农民开始种植玉米。

公元前 5000 年，在中美洲培育的作物，如圆底的葫芦，开始向北美传播。

↓ **鹿的图形**

北美西南部的人们创作的鹿的图形。

7 打猎与采集

农耕并不是所有的人都采用的生活方式。打猎与采集也能为人们提供稳定的、可靠的食物来源——只要在较小范围内生活着的人不太多。非洲就是这样一个地方：一些人以农耕为生，另一些人继续长时间地以打猎与采集为生。

与现在的气候相比，冰川末期以后的撒哈拉气候显得更为湿润，成为一些非洲人进行农耕试验的场所。岩石壁画展示了人们怎样开始放牧牛的，还有本地的动物品种，如长颈鹿。

当撒哈拉地区逐渐地成为沙漠时，绝大多数的农业活动向南迁移到了撒哈拉和赤道之间。在这里，气候条件允许农民种植马铃薯和适合在炎热气候中种植的高粱等谷物。这一地区成为非洲农耕的中心地区。

再向南，那里的人们从事打猎与采集。他们食用许多当地的野生作物，特别是各种棕榈以及羊蹄甲属的灌木。此外，他们发现了其他作物的一些用途。一个很好的例子是圆底的葫芦，它很适合做成容器。

非洲的打猎者与采集者也发展了他们的工具。为了制作小刀，他们使用锋利燧石制的薄刃，并用天然的树脂粘上木头柄。他们也用骨头做成钩钓鱼。对这些原材料的使用表明他们是如何很好地适应周围环境的。

同样，在澳洲，传统的狩猎与采集生活方式继续存在。开始时，人们居住在海边，以鱼特别是贝类为生。沿着北部与东南部的海岸，可以发现丢弃在被考古学家称为“贝丘”的贝壳遗物。随着时间的推移，当地的澳洲人开始探险河谷，逐渐地向内陆前进。人们发现诸如粟之类的谷物作物可以制成食品。他们还发展了打猎技术，这使得当他们向澳洲炎热干旱的内陆推进时，能够存活下来。

早期的澳洲人行走几里地，与别人交换工具、贝类项链，由此发展出美丽的岩石艺术，这些在今天都被发现。当他们做这些时，他们逐渐发展起反映他们狩猎与采集生活方式的有关祖先的一系列传说，最为重要的是有关黄金时代的传说，这是地球与人类精神产生共鸣的时期。对今天的土著澳洲人来讲，这些传说仍然有着巨大的宗教意义。

↓打猎与采集

这群猎人与采集者发现了一个食物充裕的地方，他们用树枝建造了一个宿营地，他们将在这里生活几周或者几个月。当两个人屠宰羚羊时，另一群人正采集蔬菜与寻找煮肉取火用的木材。

↑ 葫芦

葫芦的一些种类很有用。当吃完果肉后，外面的壳可以制成容器。人们将其中的大的制成碗，而小的制成勺与杯子。

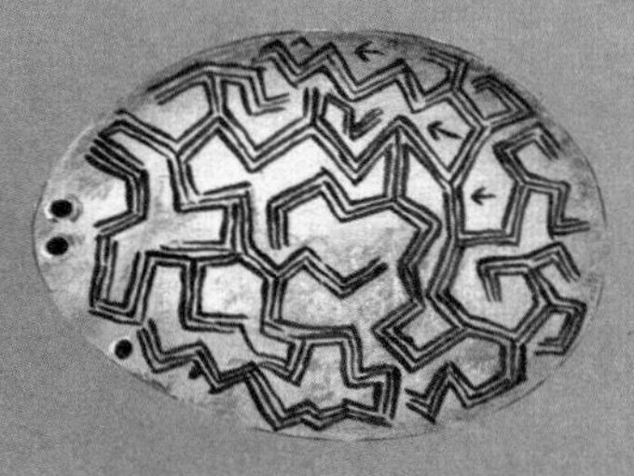

↑ 雕刻的珍珠贝壳

这个装饰品雕刻着抽象的图案，是土著澳洲人用一片珍珠贝壳制成的。

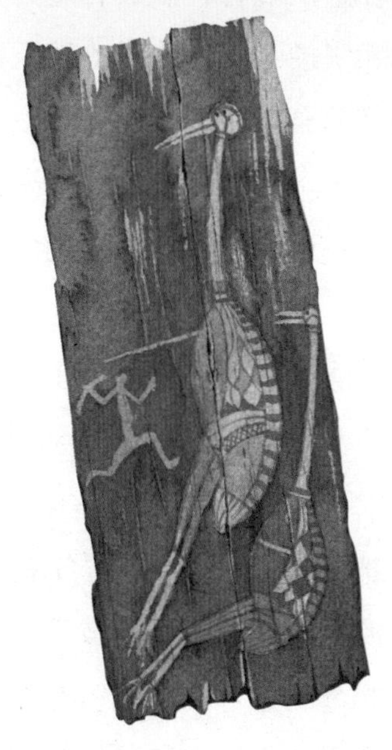

↑ 树皮图画

在澳洲北部地区发现的这个树皮画描绘的是一个猎人向一只鹤投掷矛。

大事记

公元前 1 万年，黑曜石——一种火山岩石——在东非的大峡谷地区被用来制造工具。

公元前 9000 年，人类迁移到撒哈拉地区，充沛的降雨使得当地成为草场。

公元前 7000 年，在撒哈拉，非洲人开始制造陶器。

公元前 6000 年，人类开始在撒哈拉地区的一些地方放牧牛。

公元前 4000 年，撒哈拉地区处于最湿润的时候，乍得湖的水面达到了最大面积。

公元前 3500 年，鸵鸟蛋形状的珍珠贝壳在东非作为项链开始流行。

最早冶炼金属的人

当人们在洞穴内作画时，他们或许会发现黄金，也必定发现了岩石上淡绿色的铜。在岩石上附着的金属很少，也很难提取。人类经过长时间的尝试，才知道如何提取原料，并把它们做成有用的东西。最后，有人发现了有足够多原料供提取的地方，并发现它能够被锻造成形。金属被浇铸成诸如珠子之类的装饰品，不久它就会值钱了。

当手艺人开始制造陶器时，他们修建了窑，里面的温度可以到达800℃。他们发现在窑中对矿石加热，可以熔化出其中的金属，由此它们可以流出来，并被收集。这一过程就是冶炼。这意味着可以从矿石中提炼出更多的金属。人们可用铜而不是其他原料，制造各种产品，如项链和工具。这仍有一个问题，像金和铜这样的金属容易制造，但是它们质地软。它们可以被制成漂亮的项链，但是做工具却不行。解决的办法就是把一种金属与另一种金属混合，制成合金，这样就坚硬了。古代世界发现的最好的合金是青铜——就是在铜中加了一些锡。它容易制作，坚硬，有一个金光闪闪的外表，还能够被磨尖。

青铜是制造项链、工具和武器常见的原材料。冶金工人冶炼了一些铜，并加入一些锡，他把这些熔化的金属放到一个模具中，然后锻造成形。液态的金属也可以被浇铸在一个模子中，生产出各种形状的器具。由于浇铸可以用同一模子制造出大小相同的产品，因此在当时很流行。由于锻造可以使得金属变硬，这种方法在制造武器时仍然被使用，以使得武器坚硬。

冶金技术可能于公元前3000年在中东就开始了，并在接下来的2000年里传播到世界各地。青铜器的发展是如此重要，以至于历史学家有时候称这段时期为“青铜时代”。青铜器并没有到达世界各地。在澳洲、北美和非洲的一些地方，就没有出现青铜器。在这些地方，尽管人们也偶尔地使用金和铜，但是他们仍然主要使用他们发展起来的石器技术。他们能充分利用金属的时间，是铁器时代到来之时。

↓浇铸

诸如工具与武器等金属产品可以通过浇铸制成。工人准备一个石头模具，它的两部分必须契合得很好。将模具用绳子绑好，模子空的部分形成物体的形状。热的熔化的金属液通过上面小孔被灌入模具中。当金属冷却成形，工人们把模具取走，就露出成品。同一个模具可以被使用多次。

大事记

公元前 9000 年，在亚洲的一些地方，铜被用来制造工具和武器。

公元前 6000 年，在中东与东南欧发展起浇铸与冶炼技术。

公元前 4000 年，制造金属的技术开始传到欧洲、亚洲与北非。

公元前 3000 年，在中东地区发展起青铜器技术。

公元前 3000－前 1000 年，更好的贸易途径使得制造青铜的技术传播到欧洲的大部分地区。

公元前 2000 年，青铜器在中国发展起来。

公元前 2000 年，在亚洲，青铜器应用于日常的工具和武器。

↑ **金牛**

黑海的瓦尔纳定居地是欧洲最早生产金属的遗址之一。在这里发现了上百件金属装饰品、手镯和珠子。

↑ **长角的牛**

诸如项链之类的小而珍贵的物品，大都是金属做成的。早期的金属工人制造的技术很好，就像在波兰发现的铜牛所表现的那样。

← **青铜时代的定居地**

欧洲青铜时代的绝大多数人生活在有着草屋的小村庄中，冶炼金属的地方与房间分开，以免引起火灾。

铁器时代

约在公元前 1300 年左右，中东地区的冶金工人发现了铁。在地球的许多地方，铁是常见的金属。只要熔炉内的温度足够高，就容易熔化它。它容易磨快，锻造后会变得更硬。当冶金工人最初开始熔化铁时，他们没有意识到这是一种常见的原材料。由于它的新颖，人们用它来制造地位高的人——如头领——携带的武器。然而不久，人们发现铁是非常有用与常见的，便开始大规模地制造铁制工具和武器。

冶铁的技术经过中东，逐渐传播到南欧。铁制武器帮助建立帝国的人们——如赫梯——去征服新的领域。它们还帮助希腊人在地中海地区建立殖民地。在印度，人们很少发现铜，因此铁使得金属技术第一次得到广泛的使用。

在欧洲，铁器改变了人们的生活。它使得生活在西欧的凯尔特人变得好战与强大。他们建立了庞大的堡垒，用土木工事和栅栏保护自己，并使用铁制武器击退敌人。一个村庄就是一个堡垒，这些堡垒也成为军事首领的基地。

欧洲铁器时代的第一阶段是哈尔施塔特时期，这是由于在奥地利的一个遗址——哈尔施塔特——中发现了许多铁剑而命名的。这里的首领通过贸易以及强迫邻国进贡而变得富有。一些首领甚至还拥有从遥远的希腊与意大利进口而来的货物。

约在公元前 5 世纪后，凯尔特人开始制造装饰精美的金属产品，这种类型被称为拉坦诺，这是因考古学家在瑞士湖

↑ 铁器时代的定居地

当铁器时代的欧洲人建造堡垒时，他们挖很深的沟来保卫自己。从沟里取出的土被运到上面，建成巨大的堤，提供额外的保护。像这样的堡垒范围很大，为人们、房屋与动物提供了足够的空间。

↘铁制匕首

这柄匕首用铁铸造，并有个青铜鞘，这一不列颠的匕首可能属于首领级的重要人物。它是欧洲社会由战士领导时期的遗物。

大事记

前1510年—前1310年，中国出现了铁条。

公元前1300年，中东人发现了铁，并制造铁制工具和武器。

公元前1000年，中欧已经建立了冶炼铁的场所。

公元前800年，哈尔施塔特时期开始。

公元前600年，中国出现了成规模的生铁制品，并将其运用到生产生活中。

公元前500年，非洲开始冶炼铁。

公元前500年，绝大多数的欧洲地区都已经制造铁了。

前450—前100年，拉坦诺地区制造出了精致的金属工具。

边的拉坦诺首先发现而得名的。

到罗马人在欧洲建立帝国时，凯尔特人仍很强大，他们与罗马军队打仗，并且阻击罗马人的入侵。凯尔特人的首领发行自己的货币，建立坚固的堡垒以及在和平时期与罗马人进行贸易。几个世纪以来，拥有铁器的凯尔特人是欧洲最强大的、最令人恐惧的领导者。

三 古代文明

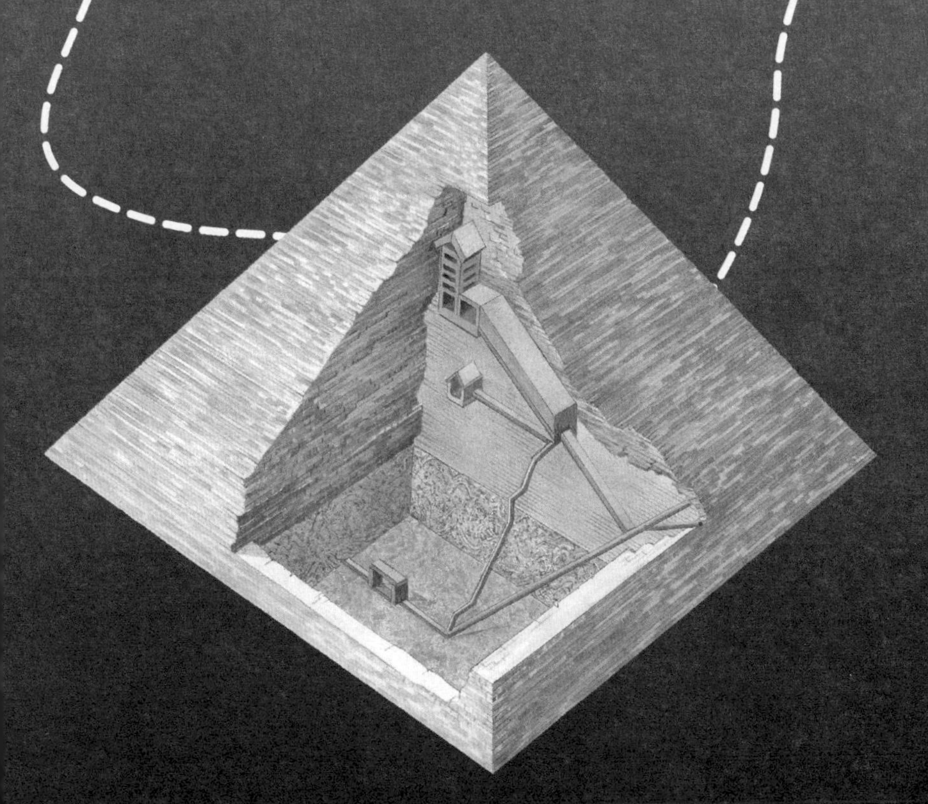

苏美尔人

世界上最早的城市建立在美索不达米亚，底格里斯河与幼发拉底河之间的土地上。城市里人口众多，熙熙攘攘，忙碌不停。诸如乌尔城与乌鲁克城之类的城市街道狭长，刷得很白的泥砖墙房屋里居住的是手工业者，他们制造陶器和金属品，与阿拉伯半岛和印度的人进行贸易。这一地区的人们制造了世界上最早的带轮子的战车和手推车，并发明了世界上目前已知最早的书写体系——楔形文字。由于这些原因，美索不达米亚成为“文明的摇篮”。

在美索不达米亚定居的是苏美尔人。他们约在公元前5000年到达这一地区的南部——苏美尔。这里气候炎热干燥，但是农民学会了从河里取水灌溉田地，他们种植大量的植物，如小麦、大麦、枣椰子和各种蔬菜。

苏美尔最早的城市是乌鲁克城，建在幼发拉底河附近。到公元前3500年，大约有1万人居住在那儿。城市弯曲的街道环绕着最大的建筑——安鲁神庙，这座神庙供奉的是苏美尔诸神中最重要的神。在这里，巫师们祭祀安鲁神，希望他带来好的气候与丰收。人们知道，如果收成不好，就会挨饿，因此他们给庙宇很多的东西，使得巫师们成为城市中最富有的、最有权势的人。

不久，在美索不达米亚又建造了其他城市。它们与乌鲁克城相似，拥有宏伟的庙宇——称为古庙塔，以及泥砖房屋。每个城市都是独立的，有着自己的统治者、巫师和商人。随着城市由于贸易变得富有，它们相互竞争，希望统治全境。

直到约公元前2350年，苏美尔的各个城市还处于独立之中。后来，从苏美尔北部而来的阿卡德人征服了这一地区，使之成为美索不达米亚帝国的一部分。

↓ **墓葬品**

诸如金项链之类的物品被放置在早期乌尔城的国王与王后的坟墓中。

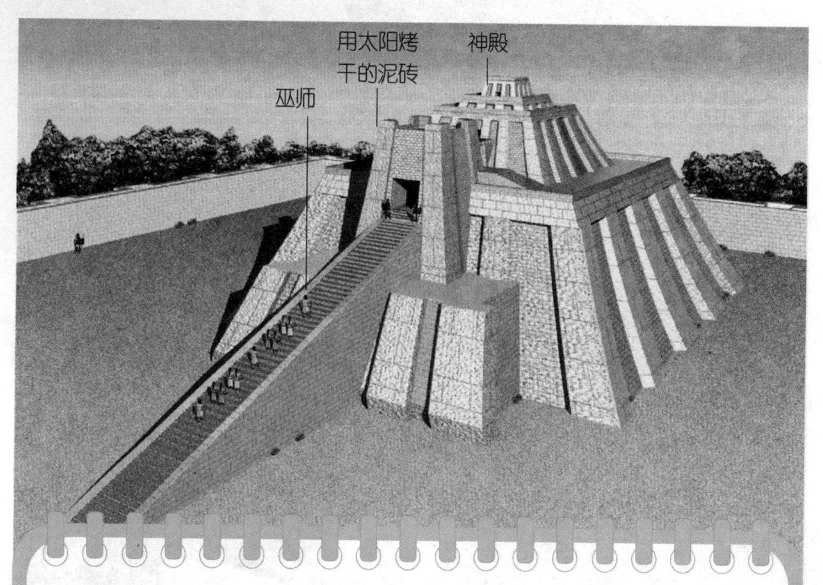

↑ **苏美尔的古庙塔**

包括一个用太阳烤干的泥砖建成的阳台，阳台是带台阶的。由于苏美尔人扩建庙宇时会在旧的顶上建造新的阳台，有楼梯可以爬上，因此，发展了塔的形状。苏美尔人认为，他们的神住在塔里，只有巫师才可以爬上顶部。古庙塔一个早期的例子是乌鲁克的白色庙宇，它用白色的泥砖建成，约修建于公元前3000年。

↑ **耕地**

苏美尔农夫在约公元前4000年发展出牛耕。牛耕比手拉犁更为有效，也意味着他们可以生产出更多的食物。

大事记

公元前5000年，农耕民族苏美尔人在美索不达米亚南部定居。

公元前4000年，引进了牛耕技术。

公元前3500年，乌鲁克成为世界上最早的城市之一。苏美尔人发明制造陶器的转轮以及用带轮子的车进行运输。

公元前2900年，已知最早的文字出现。

公元前2500年，乌尔成为一个主要的城市。

公元前2350年，从阿卡德来的萨尔贡国王征服了苏美尔地区。

公元前2100年，乌尔成为美索不达米亚地区最重要的城市，处于乌尔纳姆国王统治之下。

公元前1700年，乌尔城衰落，巴比伦城兴起。

↑ **琴师**

当人们举行宴会与庆祝等时，乐师会演奏竖琴、笛子和手鼓，为人们提供娱乐。

2 古巴比伦

约公元前1900年，从叙利亚来的亚摩利人迁移到底格里斯河与幼发拉底河之间的美索不达米亚地区。他们种植大麦、放牧羊群，并且熟练于各种手工艺，从锻造金属到制造香精，从制造皮革到养蜂。

亚摩利人在幼发拉底河边的巴比伦建都。在公元前1700年左右，汉谟拉比国王征服了整个南部美索不达米亚，建立著名的巴比伦王国。被征服的地区包括许多拥有不同文化与法律的人们，于是汉穆拉比决定统一法律，并把法律刻在石碑上，让所有的人看到。

在汉谟拉比的统治之下，巴比伦成为科学与文化的中心。巴比伦的学者发展出计数体系，这是基于60进位的方法，是现在1小时等于60分钟，以及360° 圆的由来。巴比伦的科学家也是有名的天文学家，他们记载了天空中月亮和星星的运动。

许多邻国的统治者嫉妒巴比伦的强盛，以及巴比伦人通过贸易获得的财富，于是这座城市受到多次攻击。从现在土耳其来的赫梯人先洗劫了巴比伦，然后是从东部山脉来的喀西特人入侵并占领了巴比伦。他们把巴比伦变成了重要的宗教中心，还建造了宏伟的庙宇来供奉最高神——马杜克。

约在公元前900年，从波斯湾来的马背民族——卡尔迪亚人入侵巴比伦。他们最伟大的国王尼布甲尼撒二世重建的巴比伦比以前更为宏伟。他修建了大规模的泥砖城墙、雄伟的大门以及七层楼高的古庙塔。他还为自己建造了一座宫殿以及被称为古代世界七大奇迹之一的“空中花园”。巴比伦成为西亚最大的城市。沿河的贸易，以及经由商队领导的向东到伊朗的商路使得它更为富有。辉煌一直持续到它再次被入侵，这次的入侵者是波斯人。

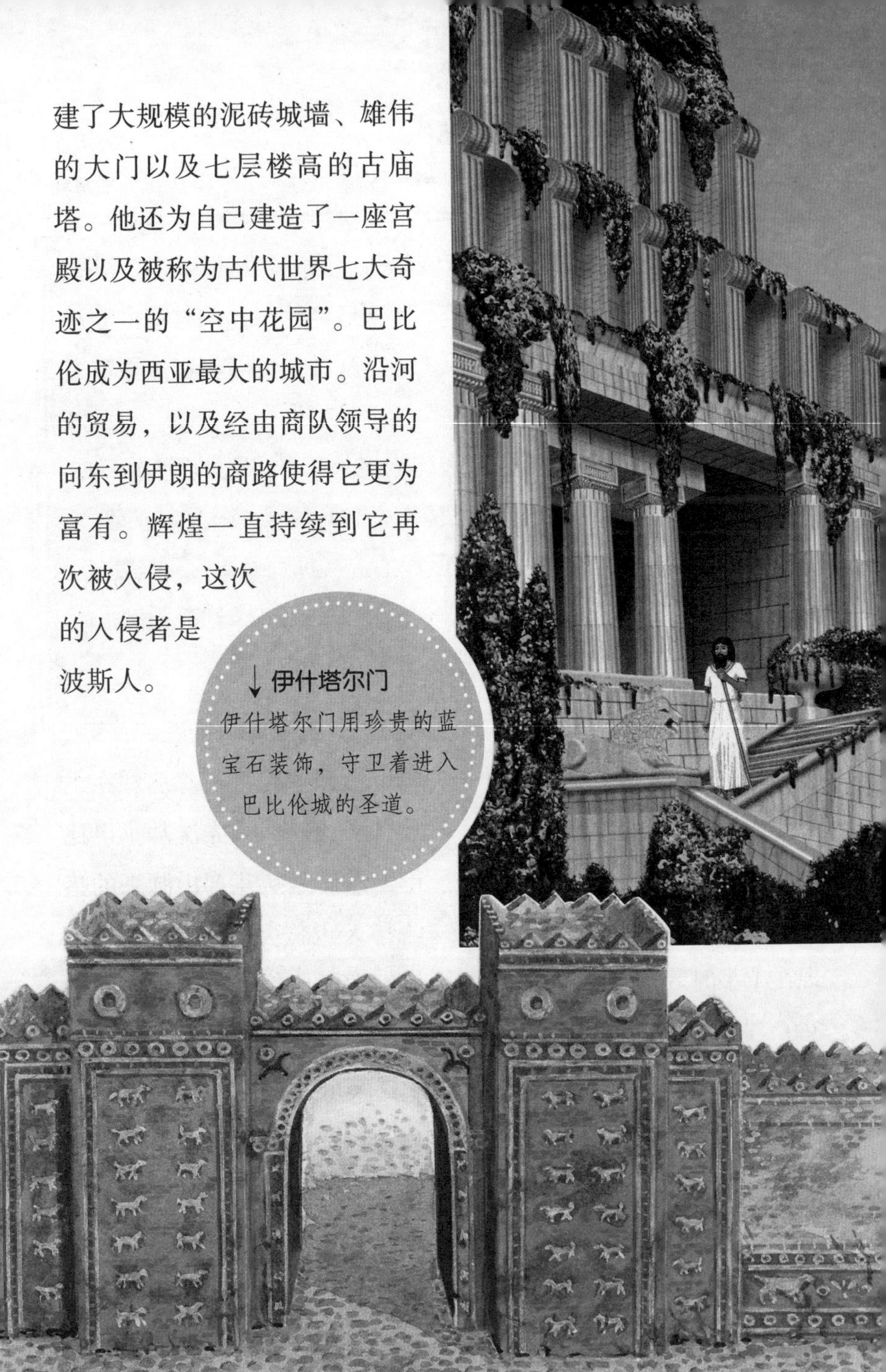

↓ **伊什塔尔门**

伊什塔尔门用珍贵的蓝宝石装饰，守卫着进入巴比伦城的圣道。

↙空中花园

尼布甲尼撒二世为他的妻子爱美提斯修建了著名的“空中花园”，目的是让她怀念起她家乡米底的绿色丘陵景色。这是古代著名的奇观之一，但没有人亲眼看到过这座花园是什么样子，甚至让人怀疑它的真实性。

大事记

公元前 1900 年，巴比伦成为亚摩利人主要的城市。

前 1792—前 1750 年，汉谟拉比统治时期，他是美索不达米亚的征服者和法律制定者。

前 1595—前 1155 年，喀西特人统治巴比伦城。

公元前 900 年，卡尔迪亚人占领巴比伦并开始重修它。

前 605—前 562 年，尼布甲尼撒二世统治时期。他修建了著名的“空中花园”。巴比伦成为近东最先进的城市。

→汉谟拉比法典

汉谟拉比法典刻在一块黑色的玄武岩石上。内容包括货币、财产、家庭以及奴隶的权利。根据这部法律，犯法者会受到相应的惩罚。俗语“以牙还牙，以眼还眼”最初就来自汉谟拉比法典。

印度河流域文明

约在公元前 2500 年，在印度河流域出现了一个神秘的文明。考古学家一直不能够破译他们的文字，发现他们的宗教是什么，或者知晓他们的文明为什么消亡。但是我们确实知道印度河流域的人们存在文明，他们耕种印度河边肥沃的土地，利用从河床中取的泥土制造砖，然后建造了几个大型的城市。

印度河流域文明的绝大部分信息来自摩亨佐·达罗与哈拉巴这两座伟大城市的遗迹。这两座城市修建在河流洪水冲积平原上。由于河流每年有规律地发洪水，他们在洪水的水平位上面建造巨大的泥砖平台，在那上面修建建筑。

每个城市被分为两个部分。一部分是人们居住的地方。平顶泥砖屋修建在干净笔直的街道与小巷两边。绝大多数的房子有一个院落，一口用来取水的井，甚至还修建了卫生间，污水排到街道下面的下水道。

城市的另一部分是围墙围起的部分，包括大型建筑如公共浴室、议事厅与大型粮仓——面积相当于一个奥运会游泳池大小。祭司与信徒们在宗教仪式前会利用浴室进行沐浴。大型粮仓附近是大的脱粒场地，在那里，农民们打完谷后再卖给城里人。

这个文明延续了约 800 年，其后逐渐地衰落。房屋倒塌，许多人离开。没有人知道原因，可能是大洪水与不断增长的人口使得农民生产更多的粮食，耗尽了地力，引起了歉收与饥荒。

←神或王

一个半身石头像显示出一个人戴着带花纹的发箍。这个石刻的质量以及沉思的表情意味着这个人可能是一个古印度的神或者是国王。

↓摩亨佐·达罗城

摩亨佐·达罗城的街道笔直，转弯呈直角，像现代的美国城市。这座城市好像经过精心设计，这在那个时代非同一般。

大事记

公元前 3500 年，大批农民在印度河流域定居，建立了分散的定居点。

公元前 2500 年，建造了第一座印度城市。

公元前 1800 年，印度城市开始衰落。人口减少，城市难以为继。

公元前 1000 年，许多人转移到恒河流域。

约公元前 1500 年，从西北部来的雅利安人入侵印度河流域。入侵可能是城市衰落的一个原因。

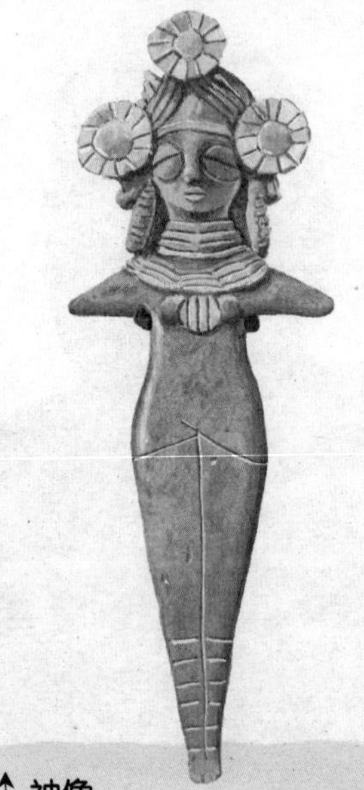

↑ 神像

小泥塑像为一个头上戴着装饰的妇女，它是在摩亨佐·达罗被发现的。这非常像生育或者母神的代表。

←棋盘游戏

考古学家发现的棋盘游戏与动物玩具表明，古印度人喜欢娱乐。

↓ 车模

这样的泥土模型由两头牛拉着，证明印度人已经使用车轮。他们使用大型的车运载粮食与其他产品。

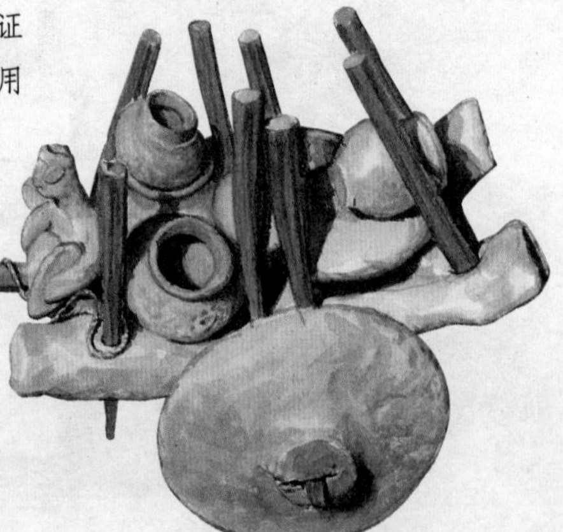

4 古埃及

在 5000 年前，一个伟大的文明——埃及——在北非出现。它由权力无所不在的法老统治，古埃及统治这一地区有 3000 年，是最为成功的古代文明之一。

埃及文明从那尔迈开始。约在公元前 3100 年，他统一了上埃及与下埃及两个王国，成为第一个国王（法老）。在王国内，法老是最有权势的人，被认为与神一样。在那尔迈以及其后法老的统治下，埃及逐渐繁荣。为了帮助他们行使权力，法老训练了文官抄写员。这些文官记录并征税，执行王国内日常活动，此时的王国被分为许多地区。商人到邻国如巴勒斯坦、叙利亚以及努比亚进行贸易，不久埃及军队就尾随而至，占领这些地区一段时间。

古埃及的土地是干燥荒凉的，埃及人依靠尼罗河生存。尼罗河是这一地区生命的血液，提供了所有的东西——土地的肥料、农耕与灌溉的水，以及被称为“三桅帆船”——埃及人的小船——行使的道路，这些小船是世界上最早的航海工具。

每年尼罗河都发一次洪水，肥沃的淤泥为两岸提供了养料。在洪水期间，没有人可以劳作。于是王国所有能够劳动的人都去修筑巨大的建筑工程，如城市以及供奉埃及众神的庙宇。他们也修建巨大的金字塔，这是法老死后的坟墓。金字塔修建在沙漠地区。

→衣着

埃及人的衣服通常是由亚麻纺织成的亚麻布做成的，越富的人穿得越好。

↑ 木乃伊

法老死后，他的尸体被保存起来。内部的器官被去掉，身体用化学药水处理，然后用绷带缠好制成木乃伊。木乃伊被放在一个装饰好的棺材里，然后安置在金字塔坟墓内。

↘金字塔

吉萨的胡夫金字塔是最著名的金字塔。胡夫金字塔高 146.5 米，由超过 200 万块石灰石组成，有些石头重 15 吨。

花岗岩板支撑着上面石头的重量

最初的埋葬墓室

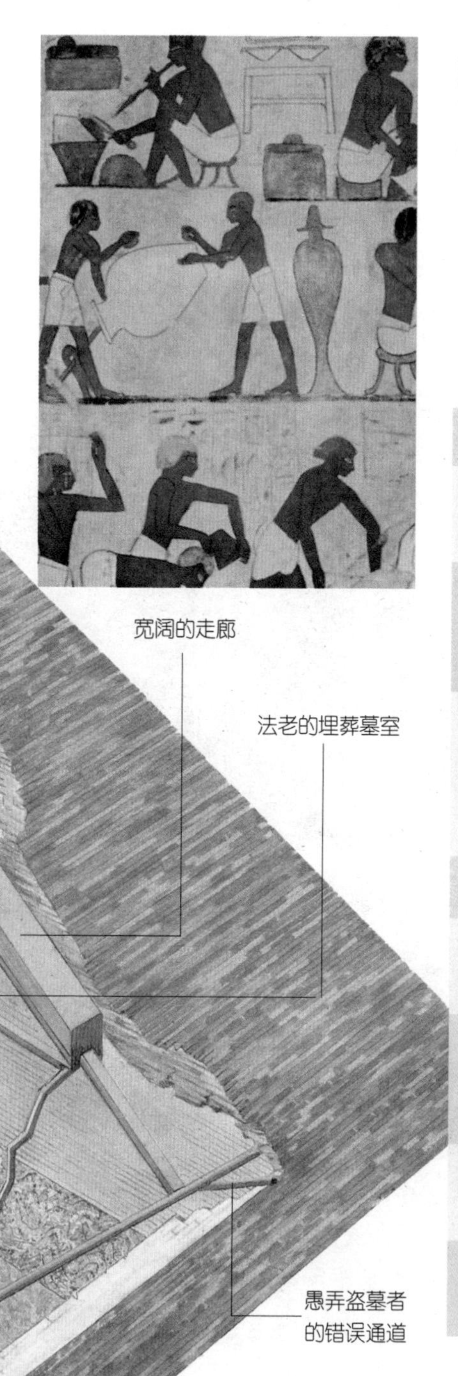

←制造砖

坟墓上的画告诉我们许多古埃及人日常生活的情况。这里，手工艺者用从尼罗河取来的软泥添加麦秸，制造建筑用砖。

大事记

前 3200—前 2686 年，上埃及与下埃及统一。

前 2686—前 2181 年，古王国时期的法老建立了他们的权威，埋葬在金字塔里。

前 2182—前 2040 年，法老的权力遭到破坏，两个埃及统治者分别治理埃及，分别有两个首都——希拉康波里和底比斯。

前 2040—前 1786 年，中王国时期。

前 1786—前 1567 年，从叙利亚和巴勒斯坦来的入侵势力到达埃及。

前 1570—前 1085 年，新王国时期的埃及法老再一次统一埃及，文明繁荣。

前 1083—前 333 年，帝国瓦解，分为许多独立的城邦。

前 333—前 323 年，埃及成为亚历山大帝国的一部分。

古埃及漫长的3000多年的历史，都是在法老的统治下。从新王国开始，法老都非常有权力，他们扩展帝国的边疆，向西亚派出使者。他们修建雄伟的庙宇、建造巨大的自己的塑像。在大约500年内，新王国时期的埃及文明是世界上最伟大的文明。

埃及人相信他们的法老是神。对他们而言，法老既是鹰神荷鲁斯，也是太阳神阿蒙。这种神化的地位给了法老绝对的权威。他们任命祭司、书记官以及高级官员。他们还控制着军队，许多士兵是从被征服地区——从苏丹到叙利亚——征集的。

法老每到一个地方，埃及人就会记录下法老的权威。在庙宇的前面，是巨大的法老石

←尼弗提

新王国法老埃赫那顿的妻子是尼弗提。她与丈夫一起统治国家，在宗教仪式中作为法老的助手，并有强大的政治影响力。

像，并以太阳神为原型。雕塑告诉人们法老神的地位。人们也能够知道法老在巴勒斯坦和努比亚取得的胜利，以及与土耳其的赫梯人之间订立的和约。

最著名的法老来自新王国时期。他们包括拉美西斯二世、著名的军事领导人赛梯一世、埃赫那顿——他废除了除太阳神以外所有的神、少年法老图坦卡蒙，以及一个强有力的皇后哈特舍普苏。

在新王国的辉煌后，埃及经历了多次入侵以及法老的更替。它曾经成为亚历山大帝国的埃及行省，而自公元前30年，女王克里奥帕特拉死后，埃及成为庞大罗马帝国的一个组成部分。

↘图坦卡蒙

图坦卡蒙法老在只有18岁时就死去了。然而，他是最著名的法老，因为考古学家在20世纪20年代发现他的墓穴时，内部的随葬品——包括他金制的面具——仍然保存完好。

↖德尔·埃尔蒙地村

建造法老墓穴的工人生活在德尔·埃尔蒙地村庄，这是一个在沙漠里专门供工人居住的村庄。当他们死后，就被安葬在村子上面悬崖的棺材里。工作时，他们每60人分为一组。有一个监工进行管理，工人每天工作8小时，每工作8—9天后休息，工人都有报酬。当报酬没有到位时，工人就会游行。这可能是最早有记录的游行了。

早期中国的王朝

中国的文明是独立于世界上其他的文明而发展起来的。在许多方面，中国的文明比欧洲和西亚的文明更为先进，而那些地方的人们并不知道在中国发生的事情。中国人发明了许多东西，包括冶金与文字，而这些是在没有与其他民族交往的情况下进行的。这使得中国的生活方式与其他文明迥然相异。

中国历史的时期是以王朝或统治者家族命名的。商朝是很早的王朝，开始于约公元前1600年。许多中国人日常生活的主要特征就是在这一时期发展起来的，如耕种与祖先崇拜。商代的中国也精通于制造青铜器与玉器。他们发展出一种书写方式，这成为直至现在中国仍在使用的书写方式。

中国是一个幅员辽阔的国家，商朝仅仅统治着中国北部。祭司性质的国王是最有权威的，对中国人而言，他们是神一样的人物，能够与天上的祖先交流。

商修建了许多都城，可能由于黄河发洪水而不断地迁移。他们最早修建的都城在二里头，然后又在郑州和安阳修建了都城。考古学家在安阳发现了许多木屋、宫殿、库房和街道的遗迹。他们也发现了国王的坟墓，在里面有陶器、青铜器以及玉器，还有近4000件贝壳，这是商代人的货币。在墓穴里还有47具其他人的尸体，可能是统治者的殉葬者。

公元前11世纪，从西北来的周朝取代了商。周统治者带来了铸币，同时周代的手工业者还发现了如何冶铁。他们也发明了弩。周统治中国大约有 800 年，它让地方的诸侯治理本地。但是诸侯们的相互征战使中国进入了“战国时代”。

→祭祀用的鼎

这个青铜鼎被用来装祭品。

←耕作

几千年来，中国人在经常发洪水的黄河流域的肥沃土地上进行耕种。商代的农民种植粟、小麦与水稻。

大事记

前 1600—前 1046 年，中国第一个青铜时代的文明——商朝发展起来。

前 1046—前 256 年，周朝时期。王国被分为许多的邦国，国王通过当地的诸侯实施统治。

前 475—前 221 年，战国时代。各地诸侯在广大的范围内相互征战。

公元前 221 年，秦帝国统一中国。

↓甲骨文

当一个巫师想问神灵一个问题的时候，他就把问题写在一片动物骨头上，再把骨头放在火中直到它裂开，然后再对其解读。甲骨文是中国文字的第一种形式。

↖铸造青铜器

到约公元前 1600 年，中国人已经发展出青铜铸造技术，并利用青铜器制造盘子与其他物品。

非洲文明

非洲是面积较大的古代大陆。其北部地区发展出伟大的埃及文明；其南部，在分割非洲大陆的撒哈拉沙漠以南，也出现了其他的文明与王国，许多是能熟练地制造金属的文明，他们制造出工具、漂亮的项链和雕刻。他们派出商人进行长途贸易，许多商人骑着骆驼穿过广袤的沙漠，忍受炎热与饥渴，到达红海沿岸以及北非的贸易港口。非洲文明分散得很远很广，但是也有几个主要的中心。加纳、贝宁、马里以及松海是几个在西非不同时期繁荣的小王国。那里的人都说班图语，是班图人的后裔。班图人是4000年前在西非兴起的农耕与放牧人。他们与北非的穆斯林统治者进行贸易往来，向北运过去象牙、乌木、金、铜以及奴隶，带回来如陶器与玻璃器皿等工业制成品。他们学会了怎样冶铁，这可能是从迦太基这样的北非城市的人们那儿学会的。随着他们对货物需求的增加，王国逐渐地繁荣了。

在东非也有众多的贸易王国，最著名的在津巴布韦平原。在这里，修纳人拥有肥沃的土地以及铜与金等丰富的资源。他们的商人到达了非洲的东海岸，在那里，他们与印度、伊斯兰帝国甚至中国来的商人进行贸易。更北的地方还有主要进行贸易与制造金属的王国，位于现在的赞比亚和埃塞俄比亚。

非洲这些王国的人们过着与他们的环境相适应的生活。他们在肥沃的土地上耕种与放牧，寻找金属矿石的资源。他们的王国持续了很长时间，许

←拉利贝拉岩石教堂

非洲的一些地区信奉伊斯兰教，但是阿克苏姆在4世纪时皈依基督教。到12世纪时，当地的泥瓦匠修建了这样的奇特教堂，它位于阿克苏姆东南部的拉利贝拉。

←方尖石塔

阿克苏姆的埃塞俄比亚王国与印度和伊斯兰世界进行贸易。其统治者在塔卡加·马瑞姆修建了一座宫殿，还修建了许多方尖石塔，有一些有30米高。

多王国一直繁荣，直到欧洲人入侵非洲。

大事记
约 100—940 年，东非的阿克苏姆王国。
300—1200 年，西非的加纳王国。
约 1000—1897 年，西非的贝宁王国。
约 700—1600 年，西非的马里王国。
1270—1450 年，大津巴布韦是修纳王国的首都。
1350—1600 年，西非松海王国。

↓大津巴布韦

大津巴布韦巨大椭圆形的石头围墙里是修纳王国的中心。现在石头还在，还有几处建筑的遗迹，可能是统治者的居住地。

→黄金纸草支架

从库苏王国来的熟练的金匠约在公元前 590 年制造了这个黄金纸草支架。再以后，非洲的金匠——特别是加纳、马里的金匠——闻名于世界各地。

古希腊

欧洲人统治国家的方式、读的书、看的戏剧，甚至许多运动都有古希腊文明在其中，古希腊文明在约公元前 2500 年繁荣。希腊人没有大的帝国，文明包括几个独立的城邦国家。但是他们的艺术、科学、哲学以及生活方式都对后人的生活有着重要的影响。

希腊是一个山地国家，早期希腊人居住在海岸附近或是山脉之间的肥沃平原。逐渐地，这些早期的居住地成为城邦。希腊人是优秀的航海者与造船者，当他们航行到意大利以及东地中海与他们的邻居进行贸易时，他们的文明开始逐渐繁荣。他们也在这些地区以及爱琴海沿岸地区建立殖民地。

随着财富的增长，希腊人修建了繁华的城市，最大、最富有的是雅典，成为希腊文明的中心。雅典的居民非常喜欢休闲，希腊的戏剧家如索福克勒斯写出了西方剧院内最好的戏剧。他们的音乐家创作出优美的音乐，建筑师建造出精美的建筑与庙宇。同时希腊人也开始了奥林匹克运动。

在整个古代世界，希腊的教育也是闻名的。哲学家——或者说思想家——来到雅典讨论从爱的性质到如何治理国家的所有问题。雅典人发展出一种新的统治方式，人民对统治者有发言权。他们把这叫作民主，或者说由人民统治。虽然事实上并不是每一个人都有权投票，但是这确实是现代民主政府的先驱。

雅典存在了好几个世纪，

一直到罗马人开始征服地中海世界。这期间雅典与希腊另一个城邦斯巴达进行的战争也削弱了雅典。公元前404年，斯巴达打败了雅典。

→雅典娜

雅典娜是雅典的保护神，同时也是智慧女神。雅典人十分尊崇她。

→神圣的卫城

一座小山俯视着雅典城，这就是卫城。它是城市宗教中心，有神圣的祭祀神灵的庙宇。每四年在此举行一次盛大的宗教节日。

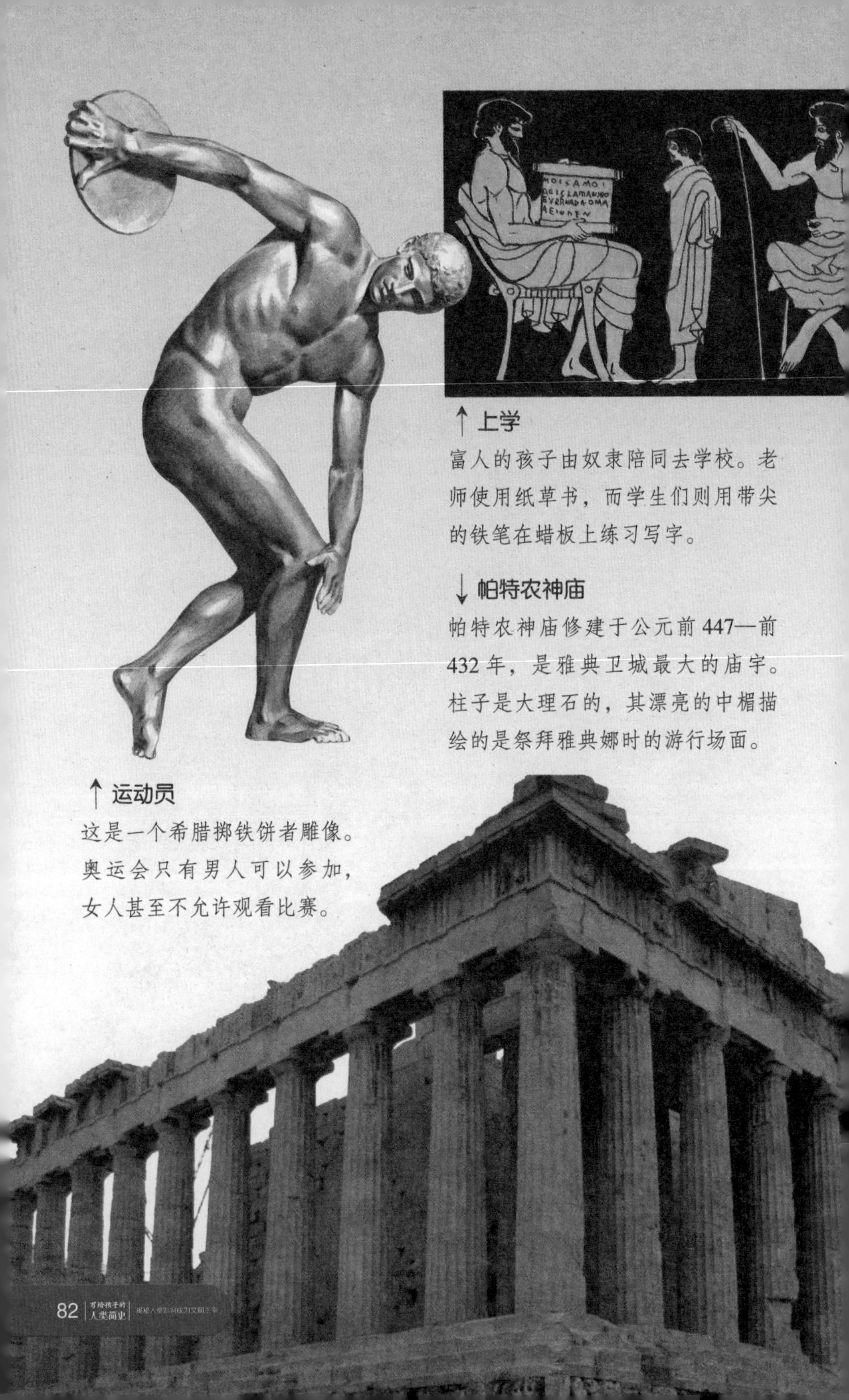

↑ 上学

富人的孩子由奴隶陪同去学校。老师使用纸草书，而学生们则用带尖的铁笔在蜡板上练习写字。

↓ 帕特农神庙

帕特农神庙修建于公元前447—前432年，是雅典卫城最大的庙宇。柱子是大理石的，其漂亮的中楣描绘的是祭拜雅典娜时的游行场面。

↑ 运动员

这是一个希腊掷铁饼者雕像。奥运会只有男人可以参加，女人甚至不允许观看比赛。

希腊城市的中心是市场。市场是一个中心广场，周围是城市的主要公共建筑——庙宇、法庭、商店与市政大厅。人们来到市场买东西、会见朋友、聆听学者演说或者只是说说闲话。城市市政会议也在市场内举行。

市场的旁边是私人的房屋。房屋被安排在庭院的周围，它有外伸的屋顶以及小的窗户，用以遮挡烈日和冬日的寒风，家庭生活的大部分在这里进行。

在古代希腊，男女的地位是不平等的。妇女没有投票权，在私人财物和金钱方面的权利也很少。绝大多数妇女的任务就是结婚并养育子女。男性享有很大的自由。在绝大多数的希腊房屋中，有一个房间是古希腊男子专用的房间。

男孩与女孩也被区别对待。在城市里，男孩从7—12岁上学。他们学习阅读、写作、音乐、诗歌以及摔跤之类的体育运动。绝大多数的女孩与母亲一起待在家里，学习针线、洗衣做饭，这样以后才可以很好地料理家务。

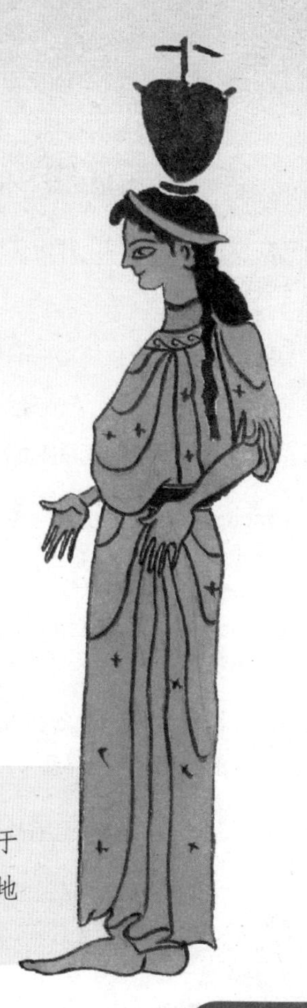

→希腊妇女

希腊妇女穿着多褶的衣服，在肩部扣紧。由于家庭很少备水，于是她们得头顶着坛子从当地的井或山泉取水。

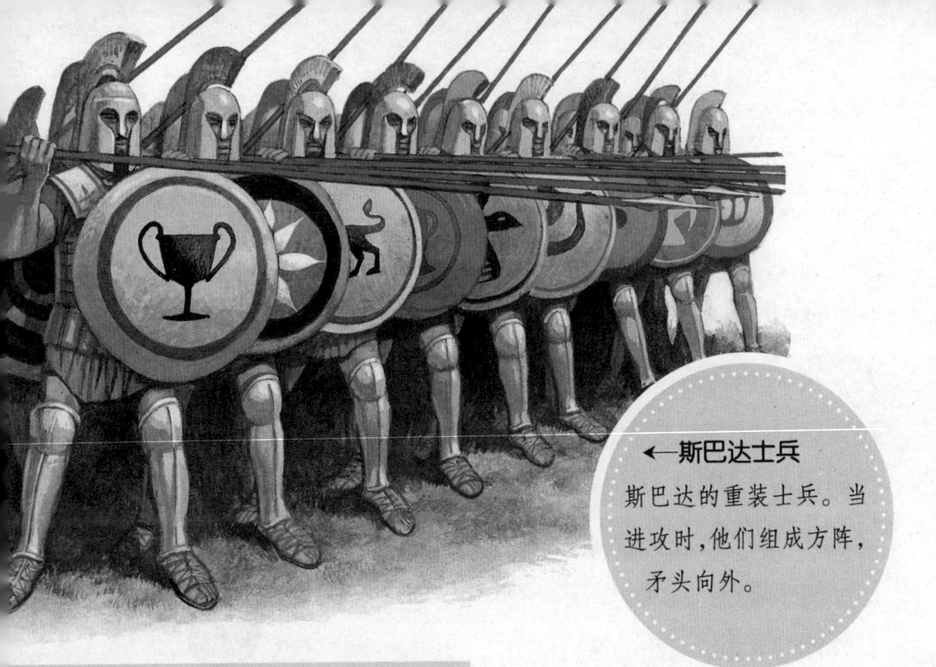

←斯巴达士兵

斯巴达的重装士兵。当进攻时，他们组成方阵，矛头向外。

大事记
公元前 900 年，希腊人开始在地中海进行贸易。
公元前 776 年，首次有记载的古代奥运会举行。
公元前 700 年，希腊城邦逐渐发展。
公元前 499 年，波斯进攻雅典，但在马拉松战役中被希腊人打败。
公元前 480 年，第二次希波战争，波斯人又失败。
前 443—前 429 年，在伟大的领导者伯里克利的统治下，雅典繁荣。
公元前 431 年，伯罗奔尼撒战争在雅典和斯巴达之间展开。
公元前 404 年，斯巴达人打败了雅典人。

而在特殊的城市斯巴达，生活是不同的。从孩子的幼年起，他们就被要求学习在战争中保护自己的技巧以及在军队中生活。所有的男人都得服军役，女孩也得被训练以适应艰苦的野外生活。

当希腊人去世后，人们相信死者会到阴间。希腊人认为阴间是一个黑暗的地下世界，周围是冥河。他们埋葬死人时会随葬硬币，用来打点冥府渡神，他将用船把死者摆渡过冥河，到另外一个世界。

古罗马

在 2000 年前，一个意大利小城镇逐渐地成为整个西方世界最重要的城市，它就是罗马。罗马城修建在台伯河边的小山丘上，到公元前 3 世纪时，它已经变得强大了。罗马有着组织完备的政府，令人恐怖的军队，并占据了整个意大利。在接下来的 200 年里，罗马扩大了它的影响并成为整个帝国的中心。到 117 年，罗马帝国的版图包括从不列颠到北非，从西班牙到巴勒斯坦的广大地区。

帝国的中心是罗马城。城市的中心是市民广场，这是一个由大型公共建筑——如庙宇、浴室以及运动场——所包围的大广场。罗马人继承了古代希腊文明的大部分。他们的许多公共建筑带有希腊风格，也有古典的柱子与大理石的雕塑。

在市民广场外是居住地的街道。城市的土地非常昂贵，贫穷的人供养不起房子，只好租多层楼的单间房间，就像现代的公寓。每幢楼的下面是装满货物的商店以及手工业作坊；在商店的中间是单元住宅的入口。一些房间较大也较贵，而楼层更高的房间更小、更便宜。很少有房间能供应水以及有好的厨房。

在乡村也是这样，许多普通的罗马人生活在贫困之中，依靠种地并把食物卖给城市人维系生活。在乡村，土地便宜而且很多，于是有钱的罗马人在那里为自己修建了宽敞豪华的别墅，这些房子里通常有浴室以及地下的供热系统。

随着罗马影响力的扩展，

罗马的政府也发生了变化。以前城市是由国王统治的，但在公元前509年，罗马变成了共和国，由选举出来的执政官统治，元老院辅助执政官。在执政官的统治下，罗马的势力继续增长，到公元前2世纪时，只有北非强大的贸易帝国迦太基可以与罗马相比。在公元前146年，罗马人征服了迦太基。罗马作为共和国，一直延续到公元前27年，在内战后，奥古斯都成为罗马的第一个皇帝。在接下来的500年内，一

↙**街道景观**

在罗马港口城市奥斯提亚，完好地保存着古罗马时期的房子。从海岸吹来的沙子覆盖了房屋，保护了马赛克地板与墙。这座城市满是铺着地板的楼房，楼房下部是商店与酒馆。

↑ **母狼育婴青铜雕像**

相传，罗穆洛斯与瑞摩斯两兄弟建立了罗马。他们是弃儿，在奄奄一息的时候，是一只母狼喂养了他们。

大事记

公元前 753 年，相传罗马是由罗穆洛斯与瑞摩斯建立的。

公元前 509 年，罗马成为共和国。

公元前 146 年，罗马人征服迦太基。

前 58—前 51 年，朱利乌斯 · 恺撒征服了高卢。

公元前 44 年，恺撒被暗杀。

公元前 27 年，奥古斯都成为第一个罗马皇帝。

117 年，图拉真征服了达西亚（现在的罗马尼亚），帝国的疆域达到最大。

410 年，入侵的哥特人征服并破坏了罗马城。

↙**船**

罗马人利用船进行战争与贸易。奴隶划动两边的桨驱动船前进。

←衣着

绝大多数罗马人穿着简单，穿衣得根据他们的阶层而定。在外面，罗马市民仅仅穿着托加袍，这是一种宽大的白色毛织衣服，裹着身体。罗马妇女穿着长长的亚麻或者毛织束腰外衣。

系列的皇帝统治着这个当时西方最大的帝国。

罗马的成功有许多原因。帝国有一支强大的有组织的军队。当罗马人征服了一个新地区后，他们也获得了战利品。通过这种方式，罗马人获取了各种各样的原材料，包括从中欧来的铁、从西班牙来的金银。随着罗马不断征服新的地区，他们也把自己的政府体系、语言和法律传播到被征服地区。

帝国也有许多杰出的工程师，他们修建桥梁、沟渠以及第一个圆顶屋。罗马人发展了混凝土技术。他们修建通向帝国各地长而笔直的道路网络，许多道路现在还在使用。

到200年左右，罗马的势力达到了顶点。罗马人似乎可以做任何事情，他们的军队可以征服任何国家。但是最后罗马帝国变得太大了，从中欧开始，边缘地区的人们起来反抗，罗马帝国迅速调动军队镇压，但是镇压起义变得越来越困难，庞大的罗马帝国开始分裂。395年，帝国分为了两个部分。

玛雅文明

19 世纪，当考古学家在墨西哥偶然发现高大的、用石头建成的金字塔形状的庙宇与大广场时，他们惊呆了。这些建筑属于古代墨西哥人的玛雅文明。玛雅人建造了令人惊奇的城市，他们是学者，发明了自己的书写体系，并精通数学与天文学。但是他们也是一群好战的人，城市之间相互进攻，把罪犯和战俘当作祭品祭祀神灵。

玛雅人于公元前 2000 年就生活在墨西哥，但是他们的城市在很久后才变得强盛。300 年后，是历史学家所称的玛雅文明的古典时期，他们发展出有效的农耕技术，生产玉米、南瓜、豆以及根茎蔬菜以供养不断增长的城市人口。

古典时期，一些玛雅城市已经很大了，可容纳约 5 万人。他们居住在泥砖房屋中，绝大多数的房屋只有一到两个房间，家具很少，只有薄薄的芦苇垫子供人们坐，还有厚一点的芦苇床垫。

玛雅主要的城市包括帕伦克、哥邦、泰可以及奇琴伊察。每座城市的中心地区都有金字塔形状的庙宇建筑群。玛雅人不断地重修这些金字塔形状的庙宇，添加更多的土和石头，来使得它们变得更大更高。

玛雅文明延续了几百年的时间，但是由于内战不断，消耗掉了他们的财富与力量。奇琴伊察约在 1200 年衰落，到 16 世纪，当西班牙人征服墨西哥时，只有一些小的玛雅城市还存在。

大事记

公元前300—300年，修建了许多玛雅城市。

300—800年，玛雅文明繁荣的古典时期。

900年，绝大多数的玛雅城市衰落。

900—1200年，尤卡坦半岛北部的城市在从图拉来的好战的托尔特克人的统治下繁荣起来。

↑ **历法石刻**

玛雅人精通天文与数学，发明了历法。一种是像我们现在的日历，一年365天；另一种是一年200天，用于宗教仪式。

→玛雅城市

玛雅城市的中心是高耸的金字塔形状的庙宇。在庙宇建筑群内包含了特别的庭院，用以进行玛雅人喜爱的游戏。

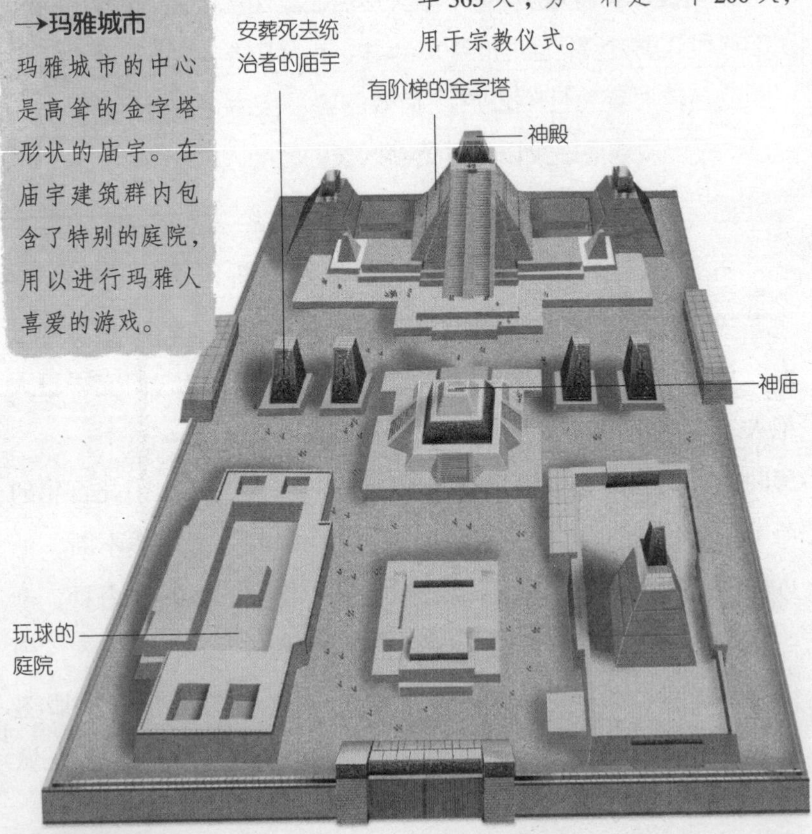

四

无止境的旅行

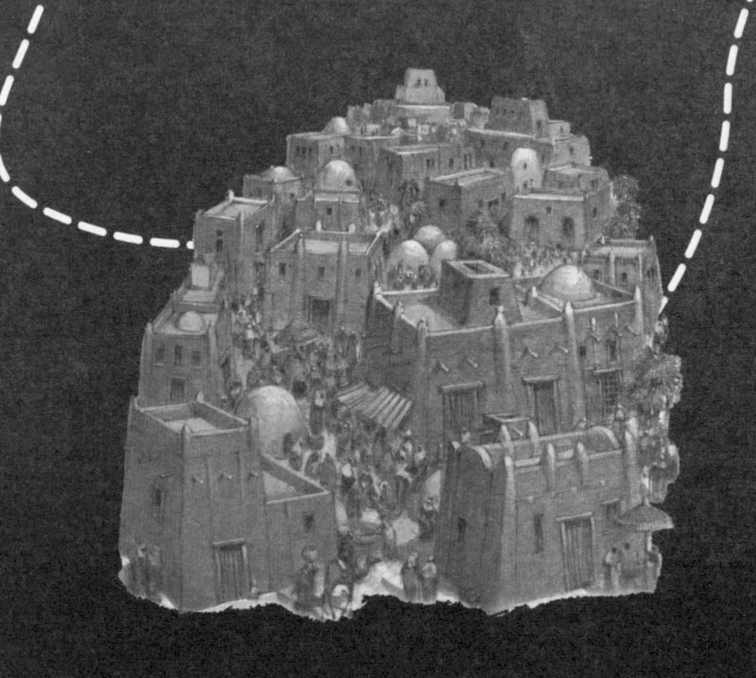

埃及人、腓尼基人和希腊人

自从古代以来，人们一直在探索着世界。数千年前，人类最古老的文明诞生于中东地区。商人为了控制当地所没有的东西的买卖，他们开始同遥远的城市进行贸易，从事黄金、香料和手工艺品的买卖。他们长途跋涉到其他国家的最便捷的方式，就是通过海路。商人因为没有地图作为参照，因此只能自己寻找最佳路线。不过，他们很快就学会了利用风向和洋流来辅助航行，并且知道什么季节最适合出航。

古埃及人居住在尼罗河沿岸。他们拥有充足的食物和其他使用物品，因此商人并不会走得太远。但是商人还是想寻找新的市场，这就促使着他们到更远的地方去探险。于是，他们开始航行至地中海和红海地区。

公元前 1490 年，埃及女王哈特舍普苏命令舰队到红海寻找新的领土。于是这支舰队就到了名叫蓬特的地方（即现在的索马里或者是更远的非洲东海岸）。海员们带回了蓬特人的礼物——象牙、乌木、香料和没药树。其他探险则都是在北非内陆进行。

腓尼基人大约是从公元前 1400 年开始到地中海去探险。腓尼基人居住在地中海东端，也就是靠近今天黎巴嫩以南地区的一些城市里。他们是熟练的航海家，不久就在整个地区建立了好几个富庶的贸易殖民地。有一支腓尼基舰队甚至代表埃及法老绕行非洲。公元前 500 年，汉诺从腓尼基在北非的一个城市——迦太基城出发，航行至今天的塞内加尔，航程达4032千米。其他腓尼基商人曾到达过不列颠，在康沃尔购买过马口铁。

希腊人也曾在整个地中海地区建立过殖民地。腓尼基人是他们的强劲对手，因为腓尼基人垄断了海上贸易。公元前330年，一个名叫皮西亚斯的希腊探险者航行至不列颠，可能也想从事利润丰厚的马口铁贸易。

↑ **腓尼基的玻璃瓶**

腓尼基人擅长制作玻璃制品，例如花瓶和珠宝。他们把沙子和纯碱混合成糊状，然后加上染料在高温下烧制。

↓ **埃及港口**

在埃及，用芦苇制成的浅底船只有一张帆，载着货物和乘客在尼罗河上航行。大约在公元前2700年以后，埃及人才开始制造木船，这些木船更加坚固并可以跨海至国外各地。

大事记

公元前 1400 年，埃及人航行到蓬特。

公元前 1400 年，腓尼基人在地中海和东大西洋探险。

公元前 1000 年，腓尼基人在塞浦路斯建立了第一个殖民地。

约公元前 800 年，希腊人开始在东地中海建立多块殖民地。

公元前 814 年，腓尼基人在北非营建迦太基城。

约公元前 600 年，腓尼基舰队绕非洲航行。

公元前 500 年，汉诺在非洲西海岸探险。

公元前 330 年，皮西亚斯航行到图勒。

↑ 腓尼基商人

腓尼基商人在整个地中海地区买卖谷物、橄榄油、玻璃器皿、紫色布料、雪松木材及其他商品。

→腓尼基的船只

腓尼基船只短而宽，并且很坚固。它们是用生长在腓尼基山坡上的雪松木制成的。由独桨、独帆驱动船只前进。

欧洲和亚洲

在古代，欧亚之间没有太多的联系。在欧洲，腓尼基人和希腊人所建立的欣欣向荣的贸易帝国是以地中海为中心的。在东亚，中国人有自己的贸易中心。横在两大洲之间的是中亚的沙漠、高山及干旱的高原。

中国以制作精美的丝织品而享有盛誉。很多不畏艰辛的商人沿着著名的“丝绸之路”进行长途贩卖，他们带回了从中国商人手里购买的大量蚕丝。据很多资料记载，早在公元前550 年，就有中国的丝绸被贩卖到了古希腊的城市雅典。

200 年以后，马其顿的国王亚历山大（即赫赫有名的亚历山大大帝）入侵庞大的波斯帝国。波斯帝国的领地一直延伸到中亚地区。许多学者和历史学家跟随亚历山大大帝同行，他们开始在亚历山大征服的广阔地区内探险，并了解到了很多关于那里的情况。

亚历山大死后，他的帝国也跟着土崩瓦解了。但是在接下来的时间里，欧亚之间的联系却得到了加强。罗马人控制了欧洲，帕提亚人统治了波斯，贵霜帝国在中亚占据了主导地位。公元前 221 年，中国在秦始皇的统治下首次成为一个统一的国家。这 4 个帝国控制着丝绸之路的沿线各地。在此后400 多年的时间里，东西之间的贸易从未间断过。虽然没有什么罗马商人到达过中国，但是各种商品却在这条丝绸之路上双向流动。穿越印度洋，印度人与埃及人进行着繁荣的海上贸易，再从那里转运到中国。

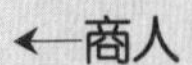

←商人

丝绸之路是一条繁华的贸易路线。来自欧洲、中东、中亚以及中国的商人就是利用这条道路进行商品买卖。然而，他们都不曾沿着丝绸之路走完过全程。

↑蚕

蚕以桑叶为食。中国人从4500年前就开始养蚕抽丝。

→亚历山大大帝

公元前336年，亚历山大成为马其顿的国王，当时他只有20岁。到他死之前的13年时间里，他通过征服建立了一个地跨亚得里亚海至印度河口之间的大帝国。

丝绸之路在联系亚洲各个不同的国家上也起到了重要作用。大约在100年，佛教僧侣将佛教从印度带到了中国。中国的探险者到邻国去游历，这增强了这些国家之间的宗教和贸易联系。公元前138年，中国的政府官员张骞进入到中亚地区。399年，一个叫法显的中国和尚曾经到过印度和斯里兰卡。然而在400年，这些联系被削弱了。这是由于中国发生了混战，游牧民族入侵中原，横行于丝绸之路上。到450年，东西方之间的联系被彻底切断。

大事记

约公元前500年，在中国和欧洲之间建立起了用来经商的丝绸之路。

公元前334年，马其顿国王亚历山大征服波斯帝国。

公元前221年，中国统一。

公元前138年，张骞出使西域。

约100年，佛教传入中国。

166年，罗马商人到达中国。

399年，法显从中国到印度和斯里兰卡去研究佛教。

←客店

丝绸之路上的商人每晚都住在沿线的客店或是小旅馆。他们在这里休息，吃一顿饭，相互之间交流信息和各种传闻。在第二天启程之前，他们的牲畜也能得到喂养和休息。

新大陆

几个世纪以来，欧洲人一直认为，世界上只有3个大洲——欧洲、非洲和亚洲。他们认为，世界的其余部分都为海洋所覆盖。

通往亚洲的传统路线过去一直是沿着丝绸之路穿行大陆。15世纪，葡萄牙人发现了一条到达那里的海路，绕过非洲海岸，向东向南航行。那时一个名叫克里斯托弗·哥伦布的意大利人提出，通过向西航行穿过伟大的大西洋，最终有可能到达亚洲。

哥伦布把一生都献给了寻找通往遍地黄金的亚洲的海路事业。起初，人们认为这是个愚蠢之举，因而哥伦布得不到任何资助。但是1492年，西班牙女王伊莎贝拉同意赞助哥伦布代表西班牙进行远航。1492年8月，哥伦布带领3条船起航。36天后，他们在现在的巴哈马群岛登陆。之后继续向东南航行，哥伦布在1493年3月成功返航之前还经过了古巴和伊斯帕尼奥拉岛（即今天的海地）。

哥伦布认为，他已经发现了通往亚洲的新航线。虽然他对新大陆并不是黄金遍地而备感失望，但是在有生之年他一直对他第一次航行的发现确信不疑，并多次远航。

哥伦布曾经4次向西穿越大西洋航行，他在所经过的岛屿上建立了多个西班牙殖民地，并宣称那里是西班牙的领地。直到1506年他去世时为止，他仍然相信他曾经到过印度，尽管他没能发现证据。因为他向西航行，他所遇见的那些新岛屿现在被称为西印度群岛。

不过，没有几个人接受他的看法。1502 年，亚美利哥·韦斯普奇从沿着南美东海岸的航行中回到了欧洲。他确信，这些岛屿并不属于亚洲，而是属于欧洲人所不知道的那个大洲的一部分。他称之为姆恩杜斯·诺乌斯——新大陆。1507 年，德国的地理学家马丁·瓦尔德泽米勒把新大陆重新命名为美洲，正是为了纪念亚美利哥·韦斯普奇。事实上哥伦布所发现的东西要远远比通往亚洲的航线更为重要。在他偶然发现了美洲大陆之后的不长时间，美洲和欧洲的历史被完全改写了。

←在美洲登陆

当哥伦布及其船员在巴哈马的瓦尔汀岛登陆时，他宣布该岛归西班牙所有，并以上帝的名义给它重新命名为圣萨尔瓦多，因为是“上帝引导我们来到这里，并且从千难万险中拯救了我们”。

大事记

1492—1493 年，哥伦布到西印度群岛进行第一次远航，并发现了巴哈马、古巴和西班牙岛。

1493—1496 年，他在第二次远航中游遍了整个西印度群岛，并在西班牙岛上建立了几个定居点，还在牙买加进行探险。

1498—1500 年，在第三次远航中，他在特立尼达与南美洲之间航行，这是欧洲人第一次在南美洲登陆。

1502—1504 年，在第四次远航中，他沿着中美洲的海岸航行。

↑ 哥伦布

克里斯托弗·哥伦布出生于意大利的热那亚港口。他是根据旅行者守护神圣克里斯托弗的名字来命名的。他发现了古巴和巴哈马。

↙ "圣玛丽亚"号

哥伦布的旗舰叫作"圣玛丽亚"号，这是一艘有着三个桅杆和一面方形帆的载货船，能够容纳 40 个人。另外两艘小一点的船分别叫"尼娜"号和"品塔"号。

4 环游世界

欧洲人着迷于亚洲遍地是宝的传说。游历者和商人谈论着印度、中国和日本的财宝以及这些国家海岸线上分布着的富饶的香料群岛。整个 16 世纪，航海者们从事着史诗般的航行，去寻找能够获取这些财富的新航线。

在葡萄牙人远航到印度以及哥伦布发现美洲之后，西班牙和葡萄牙于 1494 年签署了《托德西拉斯条约》。其中规定将来两国共同瓜分未发现的大陆。他们在地图上画了一条经线，同意这条线以西属于西班牙，这条线以东的一切均属于葡萄牙。就这样，南美洲被这条线一分为二。

正像哥伦布曾经尝试过的那样，西班牙探险者仍旧想发现向西通往亚洲的新航线。哥伦布在向西航行的过程中发现了美洲，尽管他认为那就是亚洲。他的继任者们不得不再去发现一条能够绕过美洲的路线，以便能够到达亚洲。1519 年，费尔南多·麦哲伦带着 5 条船和 260 名船员从西班牙出发，去寻找通往富饶的香料群岛（即现在印度尼西亚的摩鹿加群岛）的路线。1520 年，他穿过位于南美洲南端的海峡而进入太平洋，继续向西北航行，并于 1521 年到达了菲律宾群岛。

麦哲伦从未到达过香料群岛，因为他在发生于 1521 年 4 月的一场冲突中丧生。但是其中的一艘船还是设法到达了那里。“维多利亚”号由胡安·塞瓦斯蒂安·德·埃尔卡诺率领。当这些船员到达香料群岛后，他们满载着香料穿越

大事记

1519—1521 年，麦哲伦从西班牙出发，穿越太平洋到达菲律宾。

1521—1522 年，胡安·德·埃尔卡诺第一个完成环游世界。

16 世纪 20 年代，第一艘宝船载着阿兹特克的黄金回到西班牙。

1545 年，西维尔在玻利维亚发现了巨大的波托西银矿。它成为此后 100 年中世界上最大的白银基地。

1545 年，墨西哥的卡特卡斯州发现巨大的银矿。

1577—1580 年，德雷克成为第二个环游世界的人。

↓金币

西班牙人在美洲采掘宝贵的金银。他们把其中的一些铸成金币运回西班牙。

印度洋返航。

在寻找香料群岛的西行过程中，麦哲伦及其海员在不经意间成了进行海上环游世界的第一批人。其他人也接踵而至。弗兰西斯·德雷克（1543—1596）是英国的一位远洋航海家和海盗，曾经成功地袭击过西班牙船只。1577 年，他驶向太平洋，当他经过西班牙的船只时就洗劫他们的财宝和黄金。在香料群岛，他购买了 6 吨贵重的丁香。当他返回英国时，这些财物的价值相当于现在的 1 亿英镑。

→海盗

海盗被捕就意味着死亡。逃跑的奴隶和罪犯往往成为海盗。当船员们遭到海盗船的攻击时，他们经常加入海盗的行列，希望分得财富。

穿越太平洋

自从古希腊时代以来，欧洲人一直认为在世界的另一边还有大陆存在。他们推断，因为在北半球有一个欧亚大陆，那么在南半球必定存在着一个相似的大陆来使这个世界得以平衡。唯一的问题就是尚没有人成功地发现这个南部大陆究竟位于何处。

受雇于东印度公司这一贸易组织的许多海员，在航行中偶然遇到了一块尚未被发现的陆地。1605 年，威廉·詹茨（1570—1630）从新几内亚出发向南航行，发现了澳大利亚的北端。1615 年，德克·哈托（1580—1630）到印度尼西亚游历，向东航行了很远的距离并在澳大利亚西部登陆。他们报告说，这个新大陆实在是贫穷而不值得考虑，因此荷兰东印度公司并未采取进一步的行动，因为它只对贸易感兴趣而无心于探险。

1642 年，东印度公司改变策略，开始寻找“隐姓埋名的澳大利亚大陆”或叫“未发现的南部陆地”。1642—1643 年，艾贝尔·塔斯曼（1603—1659）绕着印度洋和太平洋环游了一大圈，而没有发现一块南部土地，尽管他发现了后来以其名字命名的塔斯马尼亚岛和新西兰。1643—1644 年，他在詹茨和哈托曾经发现过的澳大利亚海岸线探险。塔斯曼认为，通往新几内亚南部的陆地并不是南部大陆的一部分，但是他并没有发现它是否与新几内亚相连或者它是否是一个岛屿。

令人十分惊奇的是，路易

大事记

1567—1569 年，曼达那发现所罗门群岛。

1602 年，荷兰东印度公司成立。

1605 年，威廉 · 詹茨在昆士兰探险。

1615 年，德克 · 哈托发现西澳大利亚。

1642—1643 年，塔斯曼发现塔斯马尼亚并看到了新西兰及新几内亚。

1643—1644 年，塔斯曼绘制了澳大利亚北部海岸的地图。

1766—1769 年，路易斯 · 布干维尔周游世界。

斯 · 托雷斯（约 1570—1613）早已经证实，新几内亚就是一个岛屿。1607 年，他通过现在以他的名字命名的海峡环游新几内亚，证明它是一个岛屿。因此，通往南方澳大利亚的陆地并非与之相连。然而，塔斯曼并未意识到这一发现的重要性，因此关于南部大陆以及上述未命名的大陆之谜尚未解开。

↑ 荷兰东印度公司贸易港

1602 年，荷兰在东印度群岛设立公司管理贸易活动。他们在印度建立了很多像本图所示的贸易港，很快控制了当地的香料贸易。

深入非洲腹地

欧洲人所知晓的非洲的唯一部分就是其海岸线，很长的海岸线都是荒凉的地方，那里几乎没有什么天然港口，好多地方都是干燥的沙漠或是潮湿的雨林。其中的许多河流经由沼泽三角洲注入大海。欧洲的旅行者很少进入非洲内陆。

18 世纪末，欧洲人从几条大河和广大的撒哈拉沙漠探险开始，向非洲内陆挺进。1770 年，詹姆斯·布鲁斯（1730—1794）在现在的埃塞俄比亚的东部发现了塔纳湖。他意识到这是青尼罗河的源头，尼罗河的一条主要支流。在西部，蒙戈·帕克（1771—1806）于 1795 年开始对神秘而鲜为人知的尼日尔河进行探险，该河流经内地，似乎并没有注入大海。他发现，这条河实际上是向东流，而不是人们所一直认为的向西流，然后又向南流至廷巴克图附近。然而，他并不知道在此之后会发生什么，他受到土著部落伏击，溺水而亡。

50 多年后，人们把注意力转移到了撒哈拉沙漠。1828 年，一个名叫雷内·凯烈（1799—1838）的法国探险家成为第一个探访神秘而令人敬畏的廷巴克图城并且最终生存下来的欧洲人。廷巴克图城是一个与基督教关系十分密切的城市，凯烈非常失望地发现，那里所拥有的只是泥房子而非富庶的建筑物。当他返回法国时，没有什么人相信他的话。然而他的说法后来得到了德国探险者海因里希·巴尔特（1821—1865）的证实。巴尔特在 19 世纪 50 年代代表英国政府对这个地区

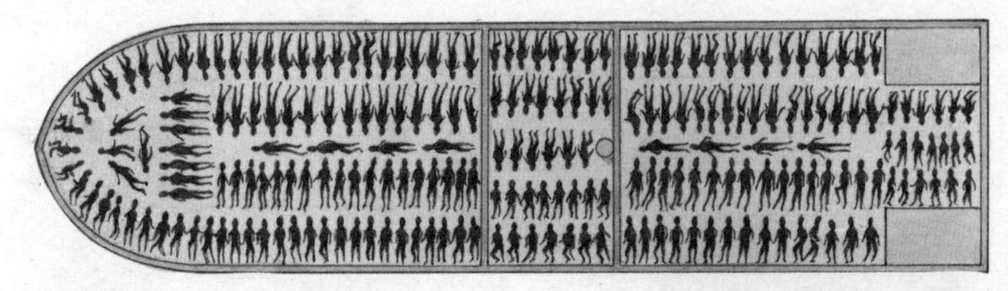

↑ 运奴船

奴隶被装进运奴船的底层舱中运往大西洋的彼岸。奴隶的生存条件十分恶劣，因而有约 100 万人死在途中。

→撒哈拉沙漠

即使是撒哈拉大沙漠也不能阻挡住奴隶贩子，他们带领成车的奴隶穿过空旷的、偶尔也会有像这样的岩层的撒哈拉沙漠。

进行了探险。

1857 年，两个勇敢的英国探险者理查德·伯顿（1821—1890）及其朋友约翰·斯皮克（1827—1864）解决了非洲的一大谜题——尼罗河的源头问题。他们对东非的各大湖都进行了探险。伯顿病倒后，斯皮克独自继续探险，经过两次尝试，他发现，尼罗河是从维多利亚湖（是斯皮克以当政的英国女王的名字命名的）北端流出来的雷彭瀑布。于是，非洲内陆逐渐褪去了其神秘的光环。

↓廷巴克图

14 世纪，廷巴克图城成为横贯撒哈拉沙漠的一个繁荣的贸易城市。几个世纪之后，这里以财富和学识而闻名，虽然当时没有欧洲人造访此地。

大事记
1768—1783 年，詹姆斯 · 布鲁斯寻找尼罗河的源头。
1795—1806 年，蒙戈 · 帕克在尼日尔河探险。
1827—1828 年，雷内 · 凯烈成为第一个访问廷巴克图城的欧洲人。
1844—1845 年，海因里希 · 巴尔特穿越撒哈拉沙漠旅行。
1857—1858 年，理查德 · 伯顿和约翰 · 斯皮克到东非的各大湖探险。
1858—1863 年，约翰 · 斯皮克在尼罗河考察并最终发现了它的源头。

→抓捕奴隶

在西非，拥有武装的奴隶贩子抓捕年轻的非洲人，并把他们带到奴隶站点准备运走。

北极

1881 年，轮船“雅耐特”号在西伯利亚海岸沉没。3 年后，残骸出现在距离格陵兰海岸 4800 千米远的地方，这恰好是北冰洋的另一端。这一非常事件引起了极大的混乱，因为每个人都知道，北冰洋中存在着厚厚的冰盖。船骸是怎么漂到这么远的地方的呢？它又是如何通过那些浮冰的呢？

挪威探险家弗里德约夫·南森（1861—1930）决定找出其中的原因。他推算，船骸只能靠着巨大的洋流的冲击力量推动其向前漂流，是洋流推动着船骸在浮冰中移动。南森为此设计了一条名为“弗拉姆”号的船，他驾驶着它进入浮冰水面，让洋流推动它前行，就像“雅耐特”号当初被推动一样。他断定，洋流会把他带到北冰洋中的北极点附近。在 3 年的时间里，“弗拉姆”号在浮冰中从西伯利亚漂流到了格陵兰岛东侧的斯匹次卑尔根群岛。尽管南森没能到达北极点，但是他确确实实地证明了北极点底下没有陆地，而只是一个大冰块而已。

南森并不是第一个探索北极的探险者。1861—1871 年之间，美国人查尔斯·霍尔（1821—1871）曾经 3 次尝试徒步旅行，并且死在了最后一次的旅途中。但是正是南森的航行大大激发了各国对北极的兴趣，掀起了到达北极点的一个竞赛。1897 年，瑞典工程师所罗门·安德雷试图乘着气球飞抵北极点，但是他在斯匹次卑尔根群岛起飞后不久就失事身亡。罗伯特·皮瑞（1856—1920）则更为成功。他是美国的一位探险家，1886年开始第一次造访北极的尝试。在后来的22年中，他把生命献给了北极探险事业。他一次又一次地探访北极，每次都离他的目标北极点越来越近。1908年，他从格陵兰岛的西海岸出发，并在埃尔斯米尔岛的哥伦比亚海角建立了大本营。他的“六强队”从那里出发，疯狂冲刺，并于1909年4月到达了北极点，然后他们匆忙地返回大本营。世界的极点被征服了。

不过有人怀疑，皮瑞是否是真的到达过北极点，因为他在一天的时间内走了112千米的往返路程。现在，大多数人都认为皮瑞并没有真正到达北极点。

↓“弗拉姆”号

南森需要一条坚固的船来实现他的计划。“弗拉姆”号被特别设计成与北冰洋的冰冻结在一起，以便它能随着洋流一起在北冰洋中漂浮而免受损坏。南森希望这个冰船能够朝着北极方向漂浮。虽然这条船恰好穿越北冰洋，但是它并没有像南森所设想的那样靠近北极点。

冰山和冻结的重叠浮冰块堆积在“弗拉姆”号探险船的两边

船身建造得非常结实，能够顶得住冰层的巨大压力

大事记

1871年，查尔斯·霍尔航行到了格陵兰岛的西岸，比以往任何人都更接近北极点。

1893—1896年，弗里德约夫·南森驾驶着“弗拉姆”号驶入冰区，朝着北极点方向漂动，但是最终并没有能够到达极点。

1897年，所罗门·安德雷试图乘坐气球到达北极点，但却在实验中丧生。

1908—1909年，罗伯特·皮瑞据说到达了北极点。

1958年，一艘核潜艇从北极冰盖底下穿过。

↑ **罗伯特·皮瑞**

美国探险家罗伯特·皮瑞曾经8次到北极探险。

↓ **雪橇犬**

雪橇犬身上长着两层厚厚的毛，这可以帮助其抵御北极的极度严寒和冰雪环境。它们被驯化后，可以在冰上拉着装满设备的爬犁前进。

↓ **海豹皮帽**

第一次到北极探险的欧洲旅行者穿的是多层的羊毛衣物，这无法抵御北极的寒冷。后来，他们学会了身穿因纽特式的用动物毛皮做成的衣服，例如这个海豹皮帽。

8 到达南极的竞赛

1909 年，罗伯特·皮瑞成功地到达北极之后，所有的人开始把目光转向南极。因为南极是世界上最后一块尚未被征服的地方，所以深深地吸引着众多的探险者。

但这是一个令人生畏的地方，不像北极，南极为陆地覆盖。辽阔而寒冷的南极大陆是世界上最冷的地方，分布着许多山脉和冰川，这使得旅行变得极其困难。此外，南极大陆被浮冰和冰山包围着，这些浮冰和冰山一直延伸到南海。有两个人打算征服这个冰天雪地的荒野。第一个人是英国的探险家罗伯特·斯科特，他于 1901—1904 年造访这一地区，并认为自己将是这一地区的征服者。正当斯科特紧锣密鼓地准备带领南极探险队出征而名声大噪之时，另一位探险家挪威的罗尔德·阿蒙森也加入这一竞争行列中来。他对外保密他的计划，以防止斯科特加紧准备的步伐。阿蒙森也是一位经验丰富的极地探险者，而且他的准备和装备要远远好于斯科特。

这两支探险队都于 1911 年 1 月到达了南极洲，并且分别在罗斯冰架的两侧过冬。然而，阿蒙森要比斯科特早两周离开那里，并向南极前进了 110 千米。他已做好充分准备，在沿途的驿站中备好了食物。他的“五强队”进展迅速，登上了陡峭的阿克塞尔·海伯格冰川之后到达了南极周围的高地。他们于 1911 年 12 月 4 日到达南极。斯科特虽然于 11 月 1 日即已开始行动，但是由于更为恶劣的天气而放慢了行程，他们最终于1912年1月17日才到达了南极，比阿蒙森落后了一个月。

阿蒙森的探险技术和装备确保了他的所有队伍得以安全返回。但是斯科特及其探险队则是全军覆没。阿蒙森的队伍每18千米就设置一个供应站，配备食物及其他救援物资。前往南极的竞赛结束了，虽然阿蒙森赢得了胜利，但斯科特的悲惨探险结局同样备受瞩目。

↘穿越冰雪大陆之战

阿蒙森和他的伙伴们配有能够抵御寒冷的良好装备，而且他们都擅长滑雪。他们利用雪橇犬来拉爬犁。

↓南极考察站

1959年，各国签署了把南极作为保留地用于科学考察的协议。今天，有18个国家在这里建立了科学考察站，从事环境、野生动植物和天气的研究。1987年，科学家在南极上空发现了一个臭氧层空洞。臭氧层可以保护地球免受太阳辐射的侵害。

↑ **企鹅**

南极是很多企鹅的故乡。

大事记

1840 年，詹姆斯 · 威尔克斯和朱莉斯 · 迪蒙 · 杜尔维到南极海岸线考察。

1841 年，英国的詹姆斯 · 罗斯到罗斯海及其巨大的冰架去探险。

1901—1904 年，斯科特到南极海岸及罗斯冰架探险。

1908 年，欧内斯特 · 沙克尔顿到达了距离南极点 180 千米处。

1911 年，罗尔德 · 阿蒙森到达南极点。

1912 年，斯科特到达南极点，但是他的探险队在回程中全部丧生。

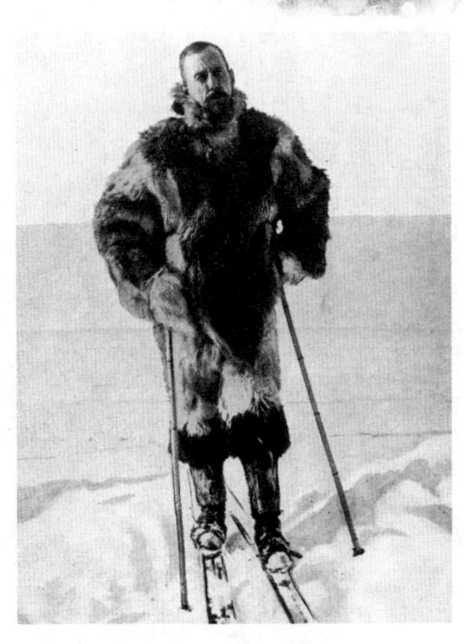

←**罗尔德 · 阿蒙森**

挪威极地探险家罗尔德·阿蒙森是一位经验丰富的探险者，曾经创造了三项颇具影响力的纪录：1903—1906 年，他成为第一个穿越西北航道的人；1911 年，他第一个到达南极；1926 年，他第一个乘坐飞艇横穿北极。

飞入太空

1957年10月4日，苏联将一个并不比浮水气球大多少的铝制球体送入太空。它的直径有58厘米粗，尾部有4根天线，每96分钟绕地球一圈。这就是世界上第一颗人造卫星“斯普特尼克1号”。由此开启了一直延续至今的激烈的太空探索与发现的时期。

现代火箭技术已经有可能使人造卫星穿过地球大气层进入太空。进入太空后，飞上月球及去考察太阳系中距离我们最近的行星邻居就变得更为容易。科学家想为地球上那些最古老问题找到答案——在宇宙的其他地方是否有生命存在？地球及宇宙本身是怎样以及何时形成的？他们还想探索距离我们最近的行星并想知道有关它们的更多东西。

技术与好奇心二者相结合，最终把人类送上了月球，而无人驾驶的宇宙飞船对太阳系中的每个行星都进行了考察。大量的天气、通讯和侦测卫星围绕着地球轨道旋转。现在每周至少有两颗新的卫星被发射升空。轨道望远镜发回了有关远方星辰的详细信息，永久性

→月球上的生活

当宇航员登上月球之后，他们就住在登月舱中。当他们准备离开时，登月舱被发射出去并将之与轨道上的宇宙飞船连在一起。

↙发射场

火箭需要巨大的能量，使之能够被举起并离开发射平台。

↓太空中的狗

进入太空的第一个生物是一条名叫莱卡的狗。1957 年 11 月，人造卫星“斯普特尼克 2 号”将莱卡送入太空，并且在太空轨道中停留了两天的时间。其他生物，诸如猴子和水母也被送上过太空。

的太空站可以让宇航员在太空中生活几个月的时间。一张更为完善的太阳系以及它在宇宙的重要地位的图片正在绘制当中，并且每年都有很多新的发现。

↓尤里·加加林

第一个进入太空的人是苏联宇航员尤里·加加林。1961年4月12日，他乘坐“东方1号”环绕地球轨道运行，在太空中飞行了108分钟后返回地球。加加林由此成为英雄，并且被授予了许多国家级的荣誉。

↓银河系

太空探索已经告诉了我们许多关于银河系及其所包含的几百万个星体的信息。科学家通过观察这些星体的产生和消亡，开始了解宇宙自身是如何形成的。

←在太空工作

航天飞机虽然能够像火箭一样飞入太空，但是与火箭所不同的是，它还能够返回地球，重复使用。在太空中，航天飞机可以用来观测太空、修理和回收卫星以及做进一步的科学探索。

↑ **哈勃望远镜**

1990 年，哈勃太空望远镜被送入地球大气层之上的轨道。它发回了 X 射线以及其他能够免受地球大气层干扰或歪曲的图片。

↓ **太空行走**

宇航员可以冒险走出宇宙飞船去修理或者帮助宇宙飞船靠近另一只飞船。但他们必须把自己牢牢地拴在飞船上，以防止飘入太空。

大事记

1957 年，苏联将第一颗卫星“斯普特尼克 1 号”送入太空。

1960 年，美国首次发射了天气、航天和通信卫星。

1961 年，苏联的尤里 · 加加林第一个进入太空。

1966 年，苏联“月球 11 号”宇宙飞船登上月球。

1969 年，美国人内尔 · 阿姆斯特朗成为第一个在月球上漫步的人。

1970 年,苏联将“沙留特 1 号”发射升空，这是世界上建立的第一个宇宙空间站。

1981 年，“哥伦比亚”号航天飞机发射升空。

1983 年，“先驱者 10 号”太空探测器飞离太阳系。